FORTSCHRITTE DER PHYSIK

4. Sonderband

FORTSCHRITTE DER PHYSIK

HERAUSGEGEBEN
IM AUFTRAGE DER PHYSIKALISCHEN GESELLSCHAFT
IN DER
DEUTSCHEN DEMOKRATISCHEN REPUBLIK
VON RUDOLF RITSCHL UND ROBERT ROMPE

4. Sonderband

POLARONEN

AKADEMIE-VERLAG · BERLIN
1961

POLARONEN

Übersetzung aus dem Russischen

Mit 1 Bild und 3 Tabellen

AKADEMIE-VERLAG · BERLIN

1961

Украинский математический журнал **2**, 3 (1950); **5**, 152 (1953).
Журн. экспер. теор. физ. **21**, 377 (1951); **22**, 513 (1952); **23**, 381 (1952); **26**, 545 (1954).
Известия Акад. Наук. СССР, сер. физ. **21**, 3 (1957) и **21**, 16 (1957).

Herausgegeben von Prof. Dr. G. Höhler.
Deutsche Redaktion durch Dr. A. Müllensiefen und Dr. E. A. Niekisch.

Erschienen im Akademie-Verlag GmbH, Berlin W 8, Leipziger Straße 3–4
Lizenz-Nr. 202 · 100/512/61

Gesamtherstellung: Druckhaus „Maxim Gorki“, Altenburg
Bestellnummer: 5409
Preis: DM 17,50
Printed in Germany
ES 18 B 7

INHALTSVERZEICHNIS

Über eine neue Form der adiabatischen Störungstheorie beim Problem der Wechselwirkung eines Teilchens mit einem gequantelten Feld[1])

Von N. N. Bogoljubov

Bei der Behandlung der Bewegung von Teilchen in einem gequantelten Feld betrachtet man gewöhnlich den Hamilton-Operator

$$H = H_p + H_v + H_{\text{int}},$$

in dem H_p die Energie des Teilchens, H_v die Energie des gequantelten Feldes und H_{int} die Wechselwirkungsenergie des Teilchens mit dem Feld ist.

Um mit einem diskreten Spektrum rechnen zu können, betrachten wir das ganze System als in ein gewisses endliches Volum V eingeschlossen, z. B. in den Würfel mit der Seitenlänge $L = V^{1/3}$. Dem System werden dann periodische Randbedingungen auferlegt. Dabei hat man natürlich immer den Grenzübergang $V \to \infty$ im Auge, der dem Übergang zum kontinuierlichen Spektrum entspricht.

Wenn das betrachtete gequantelte Feld nach nichtwechselwirkenden Oszillatoren entwickelt werden kann, so gilt

$$H_v = \frac{1}{2} \sum_{(f)} h\,\omega_f (b_f \overset{+}{b}_f + \overset{+}{b}_f b_f),$$

wobei ω_f die Oszillatorfrequenzen, b_f und $\overset{+}{b}_f$ die gequantelten Amplituden mit den bekannten der Bose-Statistik entsprechenden Vertauschungsrelationen sind. Der Index f bezieht sich bei endlichem Volumen V auf das diskrete Spektrum, das für $V \to \infty$ in ein kontinuierliches Spektrum übergeht. So ist f z. B. bei vielen Problemen der „Quasi-Wellenzahlvektor“ mit den Komponenten $\left(\frac{2\pi}{L} n_1, \frac{2\pi}{L} n_2, \frac{2\pi}{L} n_3\right)$, wobei n_1, n_2, n_3 ganze positive oder negative Zahlen sind.

Für nichtrelativistische Teilchen gilt bei Abwesenheit eines äußeren Feldes

$$H_p = \frac{\boldsymbol{p}^2}{2\mu} = -\frac{h^2}{2\mu} \Delta_r.$$

Denselben Ausdruck kann man auch bei Anwesenheit eines äußeren Feldes benutzen, wenn man nur die Methode der äquivalenten Masse benutzt.

Die typische Form der Wechselwirkungsenergie ist ein räumlich homogener

[1]) Ukrainskij matematičeskij Žurnal 2, 3 (1950)

Ausdruck, der von den gequantelten Feldfunktionen linear abhängt, z. B.

$$H_{\text{int}} = \int K(\boldsymbol{r} - \boldsymbol{r}')\, \psi(\boldsymbol{r}')\, d\boldsymbol{r}' + \int \overset{*}{K}(\boldsymbol{r} - \boldsymbol{r}')\, \overset{+}{\psi}(\boldsymbol{r})\, d\boldsymbol{r}'.$$

Wenn wir $\psi(\boldsymbol{r})$ nach ebenen Wellen entwickeln, die im Volumen V normiert sind,

$$\psi(r) = \sum_{(f)} b_f \frac{e^{i(\boldsymbol{f}\boldsymbol{r})}}{\sqrt{V}},$$

so erhalten wir einen Ausdruck der Form

$$H_{\text{int}} = \sum_{(f)} \{\mathfrak{A}_f e^{i(\boldsymbol{f}\boldsymbol{r})} b_f + \overset{*}{\mathfrak{A}}_f e^{-i(\boldsymbol{f}\boldsymbol{r})} \overset{+}{b}_f\},$$

wobei $\mathfrak{A}_f$ und $\overset{*}{\mathfrak{A}}_f$ proportional $1/\sqrt{V}$ sind.

In dem vorliegenden Artikel benutzen wir die genannten typischen Ausdrücke für H_p, H_v und H_{int} und erhalten so

$$H = \frac{\boldsymbol{p}^2}{2\mu} + \frac{1}{2} \sum_{(f)} h\,\omega_f (b_f \overset{+}{b}_f + \overset{+}{b}_f b_f) + \sum_{(f)} \{\mathfrak{A}_f e^{i(\boldsymbol{f}\boldsymbol{r})}\, b_f + \mathfrak{A}_f\, e^{-i(\boldsymbol{f}\boldsymbol{r})} \overset{+}{b}_f\}. \tag{1}$$

Der Hamilton-Operator dieser Form wird hier für die verschiedensten Probleme betrachtet.

Wie erwähnen hier nur das Problem der Bewegung von Beimischungen [*1*, *2*, *3*] in Helium II oder der Bewegung von Elektronen in Halbleitern [*4*] oder der Wechselwirkung eines Nukleons mit einem skalaren Mesonenfeld in nichtrelativistischer Näherung.

Der Hamilton-Operator ist ziemlich kompliziert, aber auch in den nichtrelativistischen Theorien der Wechselwirkung des Elektrons mit dem elektromagnetischen Feld, des Nukleons mit einem pseudoskalaren oder vektoriellen Mesonenfeld usw. werden eigentlich ganz analoge Ausdrücke betrachtet.

Man muß bemerken, daß, obwohl der betrachtete Hamilton-Operator (1) einer der einfachsten ist, der die Wechselwirkung von Teilchen und gequantelten Feldern beschreibt, eine exakte Lösung der zugehörigen Wellengleichung unmöglich ist, wenigstens nach dem heutigen Stande der Wissenschaft.

Man muß deshalb zu den Näherungsmethoden der Störungstheorie übergehen.

Die gewöhnlich bekannten Methoden dieser Theorie werden bei der Betrachtung der Fälle schwacher Kopplung der Teilchen an das Feld verwendet, wenn in dem Ausdruck des Hamilton-Operators H_p und H_v die hauptsächlichen Terme sind und H_{int} ein kleines Störglied ist.

Jedoch kann in einer Reihe von Problemen die Kopplung des Teilchens an das Feld nicht als schwach angesehen werden.

Als Beispiel sei der Fall der starken Kopplung erwähnt, bei dem H_{int} nicht proportional einem kleinen sondern proportional einem großen Parameter ist, oder auch der mathematisch sehr komplizierte Fall der „adiabatischen Kopplung“, bei der die „kinetische Energie“ des Feldes klein ist.

Wir nehmen zur Erläuterung ein konkretes Beispiel, und zwar betrachten wir die Bewegung eines Elektrons in einem Ionenkristall mit Hilfe des Modells, das von S. I. PEKAR [4] vorgeschlagen wurde.

In diesem Modell wird die Existenz des periodischen Feldes des Ionengitters mit Hilfe der Methode der effektiven Masse berücksichtigt, d. h. es wird

$$H_p = \frac{\boldsymbol{p}^2}{2\mu}.$$

angenommen. Die Wechselwirkung des Elektrons mit dem Gitter wird als Wechselwirkung mit polarisierten (optischen) Wellen betrachtet, die einer Trägheitspolarisation entsprechen. Das Ionengitter selbst wird hier durch ein dielektrisches Kontinuum ersetzt.

Geht man von diesen Voraussetzungen aus, so erhält H_{int} die Form

$$H_{\text{int}} = -e \int \frac{(\boldsymbol{P}(\boldsymbol{r}')\,(\boldsymbol{r}' - \boldsymbol{r}))}{|\boldsymbol{r}' - \boldsymbol{r}|^2} d\boldsymbol{r}',$$

wobei $\boldsymbol{P}(\boldsymbol{r})$ der Vektor ist, der dem trägen Anteil der spezifischen Polarisation entspricht.

Da H_{int} nur für longitudinale Wellen von Null verschieden ist, können transversale Wellen vollständig von der Betrachtung ausgeschlossen werden, und als gequanteltes Feld, mit dem das Elektron wechselwirkt, kann ein Feld longitudinaler Wellen gewählt werden.

Wenn wir dann $\boldsymbol{P}(\boldsymbol{r})$ nach ebenen Wellen, die im Volumen V normiert sind, entwickeln, können wir

$$\boldsymbol{P}(\boldsymbol{r}) = \sum_{(f)} \frac{\boldsymbol{f}}{|\boldsymbol{f}|} P_f \frac{e^{i(\boldsymbol{f}\boldsymbol{r})}}{\sqrt{V}}; \qquad \overset{*}{P}_f = P_{-f}$$

schreiben und P_f als verallgemeinerte komplexe Koordinaten betrachten, die das Feld charakterisieren.

Mit Hilfe dieser Entwicklung erhalten wir

$$H_{\text{int}} = 4\pi e \sum_{(f)} \frac{1}{|\boldsymbol{f}|\, V^{1/2}} P_f e^{i(\boldsymbol{f}\boldsymbol{r})}.$$

Schließlich wird die Feldenergie in der Theorie PEKARS

$$H_v = \frac{1}{2} \sum_{(f)} \frac{4\pi}{c_f} (P_f P_{-f} + \dot{P}_f \dot{P}_{-f}) = \frac{1}{2} \sum_{(f)} \left\{ \frac{4\pi}{c_f} P_f P_{-f} - \frac{h^2 \omega_f^2 c_f}{4\pi} \frac{\partial^2}{\partial P_f \partial P_{-f}} \right\},$$

wobei die ω_f die Frequenzen der optischen Ionenschwingungen und c_f gewisse Konstante sind.

So wird der gesamte Hamilton-Operator, der die Bewegung eines Elektrons im Ionenkristall beschreibt, in unserem angenommenen Modell dargestellt in einem

Ausdruck von der Form

$$H = -\frac{h^2}{2\mu}\Delta_r + 4\pi e \sum_{(f)} \frac{1}{|f|\, V^{1/2}} P_f e^{i(fr)} + \frac{1}{2}\sum_{(f)} \frac{4\pi}{c_f} P_f P_{-f} - \\ - \frac{h^2}{8\pi}\sum_{(f)} \omega_f^2 c_f \frac{\partial^2}{\partial P_f \partial P_{-f}}. \tag{2}$$

In einigen Fällen ist die Frequenz der Ionenschwingungen hinreichend klein. Dann liefern in dem Ausdruck für H die drei ersten Glieder den Hauptbeitrag und das vierte, das der kinetischen Energie der longitudinalen, polarisierten Ionenschwingungen entspricht, wird klein sein; so erhalten wir hier das typische Beispiel jener Kopplung, die wir adiabatische nennen.

Durch Einführung der gequantelten Bose-Amplituden

$$b_f = \sqrt{\frac{2\pi}{h\omega_f c_f}}\, P_f + \sqrt{\frac{h\omega_f c_f}{8\pi}}\, \frac{\partial}{\partial P_{-f}}; \quad \overset{+}{b}_f = \sqrt{\frac{2\pi}{h\,\omega_f\, c_f}}\, P_{-f} - \sqrt{\frac{h\,\omega_f\, c_f}{8\pi}}\, \frac{\partial}{\partial P_f}$$

erhält der Hamilton-Operator (2) die früher angegebene allgemeine Form (1) mit den Koeffizienten

$$\mathfrak{A}_1 = \frac{e}{|f|}\sqrt{\frac{2\pi h\,\omega_f\, c_f}{V}}.$$

Um die Kleinheit von ω_f auch mathematisch zu formulieren, betrachten wir $\sqrt{\omega_f}$ proportional einem gewissen kleinen Parameter ε. Dann ist $\mathfrak{A}_f$ proportional ε, aber $h\omega_f$ proportional ε^2. Daher wollen wir auch in dem allgemeinen Fall, bei dem das System durch den Hamilton-Operator (1) beschrieben wird, dann von einer adiabatischen Kopplung sprechen, wenn man

$$\mathfrak{A}_f = \varepsilon \mathfrak{B}_f; \quad h\,\omega_f = \varepsilon^2 \nu_f. \tag{3}$$

setzen darf. Der adiabatische Charakter der Kopplung, die durch den Hamilton-Operator (1) mit den Koeffizienten (3) bestimmt wird, wird besonders deutlich, wenn man von den Bose-Amplituden zu komplexen Koordinaten

$$q_f = \frac{b_f + \overset{+}{b}_{-f}}{\varepsilon\sqrt{2}}; \quad \overset{+}{q}_f = q_{-f} \tag{4}$$

und kanonisch konjugierten Impulsen

$$i\,\frac{\partial}{\partial q_f} = p_f = i\varepsilon\,\frac{\overset{+}{b}_f - b_{-f}}{\sqrt{2}}; \quad \overset{+}{p}_f = p_{-f} \tag{5}$$

übergeht. Tatsächlich kann dann der Hamilton-Operator (1) mit den Koeffizienten (3) in Form des Ausdrucks

$$H = \frac{p^2}{2\mu} + \sum_{(f)} A_f q_f e^{i(fr)} + \frac{1}{2} \sum_{(f)} \nu_f q_{-f} q_f + \frac{\varepsilon^4}{2} \sum_{(f)} \nu_f p_{-f} p_f;$$

$$A_f = \frac{\mathfrak{B}_f + \mathfrak{B}_{-f}}{\sqrt{2}} \tag{6}$$

geschrieben werden, in den die kinetische Energie des Feldes zusammen mit einem kleinen Parameter eingeht.

Wir bemerken, daß einige Probleme, in denen die kinetische Energie als kleine Störung betrachtet werden konnte, bereits mit Hilfe der Störungstheorie behandelt wurden.

Als Beispiel verweisen wir auf das Problem des Einflusses der Kernbewegung auf die Energieniveaus der Elektronen im Molekül [5]. Jedoch ist für alle diese gelösten Probleme das Fehlen einer Translationsentartung charakteristisch.

In unserem Falle des Problems der Wechselwirkung eines Teilchens mit dem Feld ist dagegen immer eine Translationsentartung vorhanden, weshalb der Hamilton-Operator (1) invariant ist gegenüber der Gruppe von Abbildungen

$$r \to r + \bar{\alpha}; \quad \bar{\alpha} = \text{const},$$
$$b_f \to b_f e^{-i(f\bar{a})}; \quad \overset{+}{b}_f \to \overset{+}{b}_f e^{-i(f\bar{a})}, \tag{7}$$

oder in komplexen Koordinaten

$$r \to r + \bar{\alpha}, \quad q_f \to q_f e^{-i(fa)}, \tag{8}$$

Wegen der auftretenden Entartung sind die bekannten Methoden der adiabatischen Näherung hier nicht anwendbar, und man muß eine neue spezielle Form der Störungstheorie entwickeln.

Die Darstellung dieser neuen Form, die der Autor gemeinsam mit S. V. Tjablikov ausgearbeitet hat, ist der Gegenstand des vorliegenden Artikels.

Wir machen zunächst nur einige einleitende Bemerkungen. Wegen der Invarianz des Hamilton-Operators gegenüber der Gruppe der Abbildungen (7) wird der Gesamtimpuls des Systems

$$p + \sum_{(f)} hf \overset{+}{b}_f b_f = P = \text{const}.$$

Mit Hilfe der Variablen (4) und (5) kann der Gesamtimpuls auch in der Form

$$P = p - ih \sum_{(f)} f q_f p_f \tag{9}$$

dargestellt werden. Da P mit H kommutiert, können wir diesen Vektor zur Numerierung der Energie-Eigenwerte verwenden. Wir nehmen ein beliebiges System voneinander unabhängiger Observablen $\ldots \alpha_j \ldots$, die mit H kommutieren und zusammen mit P das ganze System transformieren und bezeichnen die Energieniveaus und die zugehörigen Eigenfunktionen durch

$$E = E_{P}, \ldots \alpha_j \ldots; \quad \Psi = \Psi_{P}, \ldots \alpha_j \ldots$$

Wir zeigen jetzt, daß die Ableitung

$$\frac{\partial E_{\boldsymbol{P}}, \ldots \alpha_j \ldots}{\partial P}$$

die mittlere Geschwindigkeit des Teilchens im Zustand $\Psi_{\boldsymbol{P}}, \ldots \alpha_j \ldots$ darstellt. Denn tatsächlich wird, wenn wir im Hamilton-Operator (1) die kanonische Transformation

$$b_f \to e^{-i(\boldsymbol{f}\boldsymbol{r})} \zeta_f; \quad \overset{+}{b}_f \to e^{i(\boldsymbol{f}\boldsymbol{r})} \overset{+}{\zeta}_f,$$

$$\boldsymbol{r} \to \boldsymbol{r}, \quad \boldsymbol{p} \to \boldsymbol{P} - h \sum_{(f)} \boldsymbol{f} \overset{+}{\zeta}_f \zeta_f$$

durchführen

$$H = \frac{\left(\boldsymbol{P} - h \sum_{(f)} \boldsymbol{f} \overset{+}{\zeta}_f \zeta_f\right)^2}{2\mu} + \sum_{(f)} \{\mathfrak{A}_f \zeta_f + \overset{*}{\mathfrak{A}}_f \overset{+}{\zeta}_f\} + \sum_{(f)} h \omega_f \left(\overset{+}{\zeta}_f \zeta_f + \frac{1}{2}\right)$$

und

$$\dot{\boldsymbol{r}} = \frac{1}{\mu} \left(\boldsymbol{P} - h \sum_{(f)} \boldsymbol{f} \overset{+}{\zeta}_f \zeta_f\right),$$

wobei hier die Komponenten von $\boldsymbol{P}$ schon als c-Zahlen betrachtet werden können.

Wir schreiben die Wellengleichung auf

$$(H - E_{\boldsymbol{P}}, \ldots \alpha_j \ldots) \Psi_{\boldsymbol{P}}, \ldots \alpha_j \ldots = 0$$

und differenzieren sie nach $\boldsymbol{P}$. Dann erhalten wir

$$(H - E) \frac{\partial \Psi}{\partial \boldsymbol{P}} + \left(\frac{\partial H}{\partial \boldsymbol{P}} - \frac{\partial E}{\partial \boldsymbol{P}}\right) \Psi = 0,$$

oder

$$(H - E) \frac{\partial \Psi}{\partial \boldsymbol{P}} + \left(\dot{\boldsymbol{r}} - \frac{\partial E}{\partial \boldsymbol{P}}\right) \Psi = 0,$$

woraus

$$\left(\overset{*}{\Psi} \cdot \left(\dot{\boldsymbol{r}} - \frac{\partial E}{\partial \boldsymbol{P}}\right) \Psi\right) = 0$$

folgt, d. h.

$$\frac{\partial E}{\partial \boldsymbol{P}} = (\overset{*}{\Psi} \cdot \dot{\boldsymbol{r}} \Psi),$$

womit die Richtigkeit der oben aufgestellten Behauptung bewiesen ist.

Wenn wir jetzt zur Formulierung des neuen Schemas der adiabatischen Näherung übergehen, das auf den Hamilton-Operator der Form (6) angewendet werden soll, stellen wir fest, daß wir zweckmäßig gewisse Transformationen der Variablen durchführen, um die Wellengleichung in günstigerer Form zu erhalten. Um die physikalische Bedeutung dieser Variablen zu klären, stellen wir uns vor, wie die

Bewegung des Teilchens für Zustände in der Umgebung des niedrigsten Energieniveaus erfolgt. Offensichtlich muß man der gleichförmig, geradlinigen Bewegung des Teilchens eine fluktuierende Bewegung, das „Zittern" überlagern, das durch die Wechselwirkung mit den Nullpunktsschwingungen des Feldes bedingt ist.

Sei $\boldsymbol{q}$ der Teil von $\boldsymbol{r}$, der der gleichförmig, geradlinigen Bewegung entspricht und $\overline{\lambda}$ ihr Fluktuationsanteil.

Indem wir die Gruppe der Abbildungen (8) im Auge haben, erscheint es natürlich, den Ersatz der Variablen so durchzuführen, daß hier die gesamte Veränderung auf $\boldsymbol{q}$ übertragen wird, indem (8) eine reine Translation $\boldsymbol{q}$ wird ohne $\overline{\lambda}$ und die neuen Feldkoordinaten zu berühren.

Daher kann man

$$\boldsymbol{r} = \boldsymbol{q} + \overline{\lambda}, \quad q_f = G_f e^{-i(f\boldsymbol{q})}$$

setzen und (8) als die Abbildung

$$\boldsymbol{q} \rightarrow \boldsymbol{q} + \bar{\alpha}$$

betrachten, wobei λ und G_f unverändert bleiben. Wenn andererseits der Parameter ε genau gleich Null wäre, d. h. wenn die kinetische Feldenergie vollständig vernachlässigt werden könnte, würden die Variablen G_f mit der Gesamtenergie kommutieren, und die Energieniveaus könnten als Funktionen von G_f betrachtet werden:

$$E = E(\ldots G_f \ldots).$$

Für das niedrigste Energieniveau hätten die G_f bestimmte Zahlenwerte, und zwar die, für die

$$E(\ldots G_f \ldots) = \min$$

gilt. Deshalb erhalten wir in dem betrachteten Falle eines kleinen, aber von Null verschiedenen ε

$$G_f = u_f + \varepsilon Q_f; \quad u_{-f} = \overset{*}{u}_f; \quad Q_{-f} = \overset{+}{Q}_f,$$

wobei u_f gewisse Zahlen sind, die später bestimmt werden, und Q_f die neuen Variablen sind. Wir kommen so zu der Variablentransformation

$$\boldsymbol{r} = \boldsymbol{q} + \overline{\lambda}; \quad q_f = (u_f + \varepsilon Q_f)\, e^{-i(f\boldsymbol{q})}. \tag{10}$$

Diese Transformation führt statt der Variablen $\boldsymbol{r}, \ldots, q_f, \ldots$ die Variablen $\boldsymbol{q}, \overline{\lambda}, \ldots, Q_f, \ldots$ ein, deren Anzahl um drei größer ist, weshalb z. B. den Q_f drei unabhängige, zusätzliche Bedingungen auferlegt werden müssen.

Wir nehmen beliebige komplexe Zahlen v_f, die den „Realitätsbedingungen"

$$v_{-f} = \overset{*}{v}_f$$

genügen, und fordern für die Q_f die drei zusätzlichen Bedingungen

$$\sum_{(f)} f \overset{*}{v}_f Q_f = 0. \tag{11}$$

Um die Rechnung zu vereinfachen, muß man die v_f so wählen, daß die Orthogonalitätsrelation

$$\sum_{(f)} f^\alpha f^\beta \overset{*}{v}_f u_f = \delta_{\alpha,\beta}, \tag{12}$$

benutzt werden kann; dabei sind f^α und f^β Komponenten des Vektors $\boldsymbol{f}$.

Im Grunde genommen schränkt diese letzte Beziehung nicht die Wahl der v_f ein, da man für beliebige v_f (12) durch eine geeignete lineare Transformation im Raum der f erfüllen kann.

Wenn wir die zusätzlichen Bedingungen (11) berücksichtigen, haben wir unter den $\boldsymbol{q}, \bar{\lambda}, \ldots, Q_f, \ldots$ genau soviel unabhängige Variable, wie wir früher hatten.

Wir betrachten jetzt die Wellengleichung

$$(H - E)\Psi = 0,$$

in der

$$H = -\frac{h^2}{2\mu}\Delta_r + \sum_{(f)} A_f q_f e^{i(\boldsymbol{f}\boldsymbol{r})} + \frac{1}{2}\sum_{(f)} \nu_f q_{-f} q_f - \frac{\varepsilon^4}{2}\sum_{(f)} \nu_f \frac{\partial}{\partial q_{-f}} \frac{\partial}{\partial q_f} \tag{13}$$

ist und beginnen, sie in die neuen Variablen umzuschreiben, indem wir von den gegewöhnlichen Transformationsbedingungen für die Ableitung ausgehen:

$$\frac{\partial}{\partial \boldsymbol{r}} = \sum \frac{\partial Q_f}{\partial \boldsymbol{r}} \frac{\partial}{\partial Q_f} + \sum_{1 \le \alpha \le 3} \frac{\partial q^\alpha}{\partial \boldsymbol{r}} \frac{\partial}{\partial q^\alpha} + \sum_{1 \le \alpha \le 3} \frac{\partial \lambda^\alpha}{\partial \boldsymbol{r}} \frac{\partial}{\partial \lambda^\alpha},$$

$$\frac{\partial}{\partial q_k} = \sum_{(f)} \frac{\partial Q_f}{\partial q_k} \frac{\partial}{\partial Q_f} + \left(\frac{\partial \boldsymbol{q}}{\partial q_k} \frac{\partial}{\partial \boldsymbol{q}}\right) + \left(\frac{\partial \bar{\lambda}}{\partial q_k} \frac{\partial}{\partial \bar{\lambda}}\right). \tag{14}$$

Wir bemerken außerdem, daß die Beziehung

$$\sum_{(f)} \boldsymbol{f} \overset{*}{v}_f (q_f e^{i(\boldsymbol{f}\boldsymbol{q})} - u_f) = 0, \tag{15}$$

die aus (10) und (11) folgt, zeigt, das $\boldsymbol{q}$ eine Funktion der q_f ist, aber nicht von $\boldsymbol{r}$ abhängt.

Wenn wir beachten, daß

$$Q_f = \frac{1}{\varepsilon}\left(q_f e^{i(\boldsymbol{f}\boldsymbol{r})} - u_f\right)$$

gilt, finden wir aus (14)

$$\frac{\partial}{\partial \boldsymbol{r}} = \frac{\partial}{\partial \bar{\lambda}},$$

$$-i\frac{\partial}{\partial q_k} = \frac{1}{\varepsilon} e^{i(\boldsymbol{k}\boldsymbol{q})} P'_k + \left[\frac{\partial \boldsymbol{q}}{\partial q_k}\left(-i\frac{\partial}{\partial \boldsymbol{q}}\right) + i\frac{\partial}{\partial \bar{\lambda}} + i\sum_{(f)} \boldsymbol{f} Q_f P'_f\right], \tag{16}$$

wobei

$$P'_k = P_k - \overset{*}{v}_k \sum (\boldsymbol{k}\boldsymbol{f}) u_f P_f; \qquad P_k = -i\frac{\partial}{\partial Q_k}.$$

Um den Ausdruck (16) vollständig in der Hand zu haben, müssen wir noch $\partial \boldsymbol{q}/\partial q_k$ bestimmen. Dazu differenzieren wir (15) und erhalten

$$\boldsymbol{k}\overset{*}{v}_k e^{i(\boldsymbol{kq})} + i \sum_{(f)} \boldsymbol{f}\left(\boldsymbol{f}\frac{\partial \boldsymbol{q}}{\partial q_k}\right)\overset{*}{v}_f q_f e^{i(\boldsymbol{fq})} = 0,$$

oder

$$\boldsymbol{k}\overset{*}{v}_k e^{i(\boldsymbol{kq})} + i \sum_{(f)} \boldsymbol{f}\left(\boldsymbol{f}\frac{\partial \boldsymbol{q}}{\partial q_k}\right)\overset{*}{v}_f (u_f + \varepsilon Q_f) = 0.$$

Daraus folgt wegen der Orthogonalitätsrelation (12)

$$\frac{\partial \boldsymbol{q}}{\partial q_k} = i\boldsymbol{k}\overset{*}{v}_k e^{i(\boldsymbol{kq})} - \varepsilon \sum_{(f)} \boldsymbol{f}\left(\boldsymbol{f}\frac{\partial \boldsymbol{q}}{\partial q_k}\right)\overset{*}{v}_f Q_f = 0. \tag{17}$$

Wenn man die gesuchten Größen in eine Reihe nach Potenzen des kleinen Parameters entwickelt, erhält man

$$e^{-i(\boldsymbol{kq})}\frac{\partial \boldsymbol{q}}{\partial q_k} = i\overset{*}{v}_k \{\boldsymbol{k} - \varepsilon \sum_{(f)} \boldsymbol{f}(\boldsymbol{fk})\overset{*}{v}_f Q_f + \varepsilon^2 \sum_{(f,g)} \boldsymbol{f}(\boldsymbol{fg})(\boldsymbol{gk})\overset{*}{v}_f\overset{*}{v}_g Q_f Q_g + \varepsilon^3 \ldots\}.$$

Setzt man diese Reihe in Formel (16) und dann zusammen mit (10) in Formel (13) ein, so erhält man einen expliziten Ausdruck für den Operator H in den neuen Variablen, der als Entwicklung nach Potenzen von ε dargestellt ist. Man überzeugt sich leicht, daß der transformierte Operator H nicht explizit von den Variablen $\boldsymbol{q}$ abhängt, wie es auch wegen der Invarianz von H gegenüber der Translation $\boldsymbol{q} \to \boldsymbol{q} + \bar{\alpha}$ sein muß.

Die Variable $\boldsymbol{q}$ geht nur über den zu ihr kanonisch konjugierten Impuls in H ein.

Wir erläutern jetzt die physikalische Bedeutung dieser Größen.

Wegen (10) erhalten wir

$$\frac{\partial}{\partial \boldsymbol{q}} = \sum_{(1\leq\alpha\leq 3)} \frac{\partial r^\alpha}{\partial \boldsymbol{q}}\frac{\partial}{\partial r^\alpha} + \sum_{(f)} \frac{\partial q_f}{\partial \boldsymbol{q}}\frac{\partial}{\partial q_f} = \frac{\partial}{\partial \boldsymbol{r}} - i\sum_{(f)} \boldsymbol{f} q_f \frac{\partial}{\partial q_f}$$

und daraus

$$-ih\frac{\partial}{\partial \boldsymbol{q}} = \boldsymbol{p} - i\sum_{(f)} h\boldsymbol{f} q_f p_f.$$

So sehen wir wegen (9), daß die betrachtete Größe der Gesamtimpuls des Systems ist

$$-ih\frac{\partial}{\partial \boldsymbol{q}} = \boldsymbol{P}.$$

Da $\boldsymbol{q}$ nicht explizit in den transformierten Operator H eingeht, können wir diese Variable ausschließen, indem wir

$$\Phi = e^{\frac{i}{h}(\boldsymbol{Pq})} F(\bar{\lambda}, \ldots Q_f, \ldots)$$

setzen. Dann erhalten wir für F eine Wellengleichung, in die $\boldsymbol{P}$ bereits als gewöhnlicher c-Zahl-Vektor eingeht.

Es ist zweckmäßig, statt des Vektors $\boldsymbol{P}$ den Vektor

$$\boldsymbol{I} = \varepsilon^2 \boldsymbol{P} \tag{18}$$

einzuführen. Wie leichte Berechnungen zeigen, tritt die Abhängigkeit der Gesamtenergie von $\boldsymbol{P}$ erst beginnend mit der vierten Näherung auf, also in den Gliedern der Ordnung $\varepsilon^4 \boldsymbol{P}^2$, wenn man $\boldsymbol{P}$ als Größe „nullter Ordnung" betrachtet. Betrachtet man $\boldsymbol{P}$ als Größe der Ordnung $\boldsymbol{I}/\varepsilon^2$ (wobei $\boldsymbol{I}$ eine Größe „nullter Ordnung" ist), so finden wir diese Abhängigkeit bereits in nullter Näherung.

Schließlich bemerken wir, daß man, um die Wellenfunktion in eine Reihe nach wachsenden Potenzen des kleinen Parameters entwickeln zu können, noch eine einfache Transformation der Wellenfunktion durchführen muß:

$$F = \exp\left\{ i \sum_{(f)} \frac{s_f}{\varepsilon} Q_f \right\} \Phi, \tag{19}$$

sowie in der Wellengleichung die Feldimpulse $-i\partial/\partial Q_f$ durch $-i\partial/\partial Q + s_f/\varepsilon$ ersetzen muß.

Hier ist s_f eine gewisse komplexe Zahl, die später noch bestimmt wird. Damit die Summe

$$\sum_{(f)} s_f Q_f$$

im Exponenten reell bleibt, werden wir fordern, daß

$$s_{-f} = \overset{*}{s}_f$$

gilt. Ferner können wir, da die Variablen Q_f durch die Beziehungen (11) miteinander verknüpft sind, ohne Beschränkung der Willkür in der Wahl der s_f

$$\sum_{(f)} \boldsymbol{f} u_f s_f = 0 \tag{19.1}$$

setzen. Denn wenn tatsächlich irgendein s_f dieser Beziehung nicht genügt, können wir immer schreiben

$$s_f' = s_f + (\boldsymbol{f}\boldsymbol{X})\, \overset{*}{v}_f; \qquad \boldsymbol{X} = \sum_{(k)} \boldsymbol{k} u_k s_k$$

und so die neuen Größen s_f' einführen, welche einerseits schon der Beziehung (19.1) genügen, andererseits aber wegen (11) den Wert des betrachteten Exponenten nicht ändern

$$\sum_{(f)} s_f Q_f = \sum_{(f)} s_f u_f.$$

Wenn man alle oben genannten Transformationen ausführt, erhält man schließlich die Wellengleichung in der Form

$$(H_0 + \varepsilon H_1 + \varepsilon^2 H_2 + \ldots - E)\, \Phi = 0, \tag{20}$$

wobei

$$H_0 = -\frac{h^2}{2\mu}\Delta_\lambda + \sum_{(f)} A_f u_f e^{i(f\bar{\lambda})} + \frac{1}{2}\sum_{(f)} \nu_f |u_f|^2 + \frac{1}{2}\sum_{(f)} \nu_f \left| s_f + \frac{i\overset{*}{v}_f}{h}(\boldsymbol{If})\right|^2;$$

$$H_1 = \sum_{(f)} \nu_f \left(\overset{*}{s}_f - \frac{i v_f}{h}(\boldsymbol{If})\right) P'_f +$$

$$+ \sum_{(f)} \left\{A_f e^{i(f\bar{\lambda})} + \nu_f \overset{*}{u}_f - \left(s_f + \frac{i\overset{*}{v}_f}{h}(\boldsymbol{If})\right) \sum_{(g)} \nu_g \left(\overset{*}{s}_g - \frac{i v_g}{h}(\boldsymbol{Ig})\right)(\boldsymbol{gf})\, \overset{*}{v}_g\right\} Q_f;$$

$$H_2 = \frac{1}{2}\sum_{(f)} \nu_f Q_{-f} Q_f + \frac{1}{2}\sum_{(f)} \nu_f \left\{P'_{-f} + v_f \sum_{(f)} (\boldsymbol{fg})\left(s_g + \frac{i\overset{*}{v}_g}{h}(\boldsymbol{Ig})\right) Q_g\right\}$$

$$P'_f - \overset{*}{v}_f \sum_{(g)} (\boldsymbol{fg})\left(s_g + \frac{i\overset{*}{v}_g}{h}(\boldsymbol{Ig})\right) Q_g\Big\} +$$

$$+ \sum_{(k,f,g)} \nu_k \left(\overset{*}{s}_k - \frac{i v_k}{h}(\boldsymbol{Ik})\right)(\boldsymbol{fg})\,(\boldsymbol{kf})\left(s_g + \frac{i\overset{*}{v}_g}{h}(\boldsymbol{Ig})\right) v_k \overset{*}{v}_f Q_f Q_g -$$

$$- \sum_{(k,f)} \nu_k \left(\overset{*}{s}_k - \frac{i v_k}{h}(\boldsymbol{Ik})\right) \overset{*}{v}_k (\boldsymbol{kf})\, Q_f P'_f -$$

$$- \sum_{(k)} \nu_k \left(\overset{*}{s}_k - \frac{i v_k}{h}(\boldsymbol{Ik})\right) \overset{*}{v}_k \left(\boldsymbol{k}\cdot\frac{\partial}{\partial\bar{\lambda}}\right) - \frac{i}{2}\sum_{(k)} \nu_k v_k k^2 \left(s_k + \frac{i\overset{*}{v}_k}{h}(\boldsymbol{Ik})\right). \tag{21}$$

Man muß betonen, daß in dieser Gleichung die Variablen Q_f durch die drei Beziehungen (11) verknüpft sind. Da die Impulse $P_f = -i\dfrac{\partial}{\partial Q_f}$ in den Operator H nur über den Ausdruck

$$P'_k = P_k - \overset{*}{v}_k \sum (\boldsymbol{kf}) u_f P$$

eingehen und da identisch

$$P'_k \sum_{(f)} \boldsymbol{f}\overset{*}{v}_f Q_f - \sum_{(f)} \boldsymbol{f}\overset{*}{v}_f Q_f P'_k = 0$$

gilt, so kommutiert der Vektor $\sum\limits_{(f)} \boldsymbol{f}\overset{*}{v}_f Q_f$ mit H, und die Beziehungen (11) sind tatsächlich mit der Wellengleichung (20) verträglich.

Wir wenden jetzt auf diese Gleichung das übliche Schema der Störungstheorie an und setzen

$$\Phi = \Phi_0 + \varepsilon\Phi_1 + \varepsilon^2\Phi_2 + \ldots; \qquad E = E_0 + \varepsilon E_1 + \varepsilon^2 E_2 + \ldots$$

Dann erhalten wir

$$(H_0 - E_0)\,\Phi_0 = 0,$$
$$(H_0 - E_0)\,\Phi_1 = -H_1\Phi_0 + E_1\Phi_0,$$
$$(H_0 - E_0)\,\Phi_2 = -H_2\Phi_0 - H_1\Phi_1 + E_2\Phi_0 + E_1\Phi_1. \tag{22}$$

. . . .

Der Operator H_0 wirkt wegen seiner Definition (21) nicht auf die Variablen Q_f der Wellenfunktionen; deshalb hat die erste der Gleichungen (22) eine Lösung der Form

$$\Phi_0 = \varphi(\bar{\lambda})\,\theta(\ldots Q_f \ldots)$$

mit beliebigen Funktionen $\theta(\ldots Q_f \ldots)$.

Setzen wir

$$E_0 = W + \frac{1}{2}\sum_{(f)} \nu_f |u_f|^2 + \frac{1}{2}\sum_{(f)} \nu_f \left| s_f + \frac{i\overset{*}{v}_f}{h}(\boldsymbol{If})\right|^2 \tag{23}$$

so sehen wir auch, daß $\varphi(\bar{\lambda})$ der Gleichung

$$\left(-\frac{h^2}{2\mu}\Delta_{\bar{\lambda}} + \sum_{(f)} A_f u_f e^{i(f\bar{\lambda})} - W\right)\varphi(\bar{\lambda}) = 0 \tag{24}$$

genügt.

Wir nehmen an, daß das niedrigste Niveau $W = W_0$ dieser Gleichung zum diskreten Spektrum gehört und durch eine Energielücke von den Termen des kontinuierlichen Spektrums getrennt ist.

Weiter nehmen wir an, daß das Niveau W_0 für die Gleichung (24) nicht entartet ist, und wir bezeichnen die zugehörige normierte Eigenfunktion mit $\varphi_0(\bar{\lambda})$. Wenn wir dann für das betrachtete System — Teilchen im gequantelten Feld — die Energieniveaus, die in hinreichender Nähe des untersten Niveaus liegen, untersuchen wollen, müssen wir in (23)

$$W = W_0 \tag{25}$$

setzen.

Die zugehörige allgemeine Lösung der ersten Gleichung (22) wird dann

$$\Phi_0 = \varphi_0(\bar{\lambda})\,\theta_0(\ldots Q_f \ldots)$$

mit vorläufig noch unbestimmter Funktion θ_0.

Wir betrachten jetzt die zweite der Gleichungen (22) und stellen fest, daß identisch

$$\int \overset{*}{\varphi}_0(\bar{\lambda})\,(H_0 - E_0)\,\Phi_1\, d\bar{\lambda} = 0$$

gilt. Daher ist

$$\left\{\int \overset{*}{\varphi}_0(\bar{\lambda})\, H_1\, \varphi_0(\bar{\lambda})\, d\bar{\lambda} - E_1\right\}\theta_0 = 0. \tag{26}$$

Aber der Operator

$$\int \overset{*}{\varphi}_0(\bar{\lambda})\, H_1 \varphi_0(\bar{\lambda})\, d\bar{\lambda} \tag{27}$$

ist eine lineare Form in den Q_f und P'_f, und daher kann die Gleichung (26) keine reguläre Lösung haben, wenn man den Fall ausschließt, daß der Operator (27) identisch verschwindet und für $E_1 = 0$ die Gleichung also durch beliebige Funktionen θ_0 erfüllt wird.

Deshalb wählen wir die bis jetzt unbestimmten Größen u_f und s_f so, daß sie den Operator (27) annullieren.

Wenn wir hier die Koeffizienten von Q_f gleich Null setzen, finden wir

$$A_f \int e^{i(f\bar{\lambda})} |\varphi_0(\bar{\lambda})|^2\, d\bar{\lambda} + \nu_f \overset{*}{u}_f - \left(s_f + \frac{i\overset{*}{v}_f}{h} (\boldsymbol{If})\right) \sum_{(g)} \nu_g \left(s_g - \frac{i v_g}{h} (\boldsymbol{If})\right) (\boldsymbol{gf})\, \overset{*}{v}_g = 0. \tag{28}$$

Wir können nicht alle Koeffizienten bei P'_f Null setzen, da die Größen s_f schon durch die drei Beziehungen (19.1) miteinander verknüpft sind, aber wir brauchen es auch gar nicht.

Tatsächlich müssen wir wegen (21) und (28) zur Annullierung des Operators (27) die Gleichung

$$\sum_{(f)} \nu_f \left(\overset{*}{s}_f - \frac{i v_f}{h} (\boldsymbol{If})\right) P'_f = 0 \tag{29}$$

erfüllen, und zwar für alle möglichen P'_f. P'_f aber genügt gemäß seiner Definition den Beziehungen

$$\sum_{(f)} \boldsymbol{f} u_f P_f = 0.$$

Man kann so (29) erfüllen, wenn man s_f so wählt, daß

$$\nu_f \left(\overset{*}{s}_f - \frac{i v_f}{h} (\boldsymbol{If})\right) = -\, i u_f (\boldsymbol{fC}) \tag{30}$$

gilt, wobei $\boldsymbol{C}$ ein gewisser Vektor ist, der durch die Beziehung (19.1) bestimmt werden muß.

Wenn man die aus (30) erhaltenen Werte

$$s_f = -\frac{i\overset{*}{v}_f}{h} (\boldsymbol{If}) + \frac{i\overset{*}{u}_f}{\nu_f} (\boldsymbol{Cf}) \tag{31}$$

in diese Beziehung einsetzt, erhält man eine Gleichung, die $\boldsymbol{C}$ mit $\boldsymbol{I}$ verknüpft:

$$\boldsymbol{I} = h \sum_{(f)} \boldsymbol{f} \frac{(\boldsymbol{Cf})}{\nu_f} |u_f|^2. \tag{32}$$

Setzt man nun (30) in die Gleichung (28) ein, so bekommt man zur Bestimmung von u_f folgenden Ausdruck:

$$u_f = - \frac{A_f^* \nu_f}{\nu_f^2 - (\boldsymbol{C}\boldsymbol{f})^2} \int e^{-i(f\bar{\lambda})} \, |\varphi_0(\bar{\lambda})|^2 \, d\bar{\lambda}. \tag{33}$$

Die gefundenen Formeln (31), (32) und (33) ermöglichen die s_f und u_f zu bestimmen, wenn die Funktion $\varphi_0(\bar{\lambda})$ bekannt ist.

Zur Bestimmung dieser Funktion hatten wir die Gleichung (24), die wir in der Form

$$\left(- \frac{h^2}{2\mu} \Delta_{\bar{\lambda}} + U(\bar{\lambda}) - W_0\right) \varphi_0(\bar{\lambda}) = 0, \tag{34}$$

$$U(\bar{\lambda}) = - \sum \frac{\nu_f |A_f|^2 \int e^{-i(f\bar{\lambda})} |\varphi_0(\bar{\lambda})|^2 \, d\bar{\lambda}}{\nu_f^2 - (\boldsymbol{C}\boldsymbol{f})^2} \, e^{i(f\bar{\lambda})} \tag{35}$$

schreiben können. Wir bemerken, daß wir die Eigenfunktionen $\varphi_0(\bar{\lambda})$ immer als reell ansehen können, da das Niveau W_0 nicht entartet sein darf, damit die hier behandelte Theorie angewendet werden kann. Um sie tatsächlich näherungsweise zu berechnen, ist es zweckmäßig, ihre Extremaleigenschaft

$$I(\varphi) = \frac{h^2}{2\mu} \int \left(\frac{\partial q}{\partial \bar{\lambda}}\right)^2 d\bar{\lambda} - \sum_{(f)} \frac{\nu_f |A_f|^2}{\nu_f^2 - (\boldsymbol{C}\boldsymbol{f})^2} \left| \int e^{-i(f\bar{\lambda})} \varphi^2(\bar{\lambda}) \, d\bar{\lambda} \right|^2 = \min \tag{36}$$

mit der Nebenbedingung

$$\int \varphi^2(\bar{\lambda}) \, d\bar{\lambda} = 1 \tag{37}$$

zu verwenden.

Bevor wir zur Besprechung der Eigenschaften der erhaltenen ersten Näherung übergehen, wollen wir die zweite Gleichung (22) noch etwas näher betrachten. Wir stellen fest, daß auf der Grundlage der obigen Bemerkungen diese Gleichung sich in der Form

$$\left(- \frac{h^2}{2\mu} \Delta_{\bar{\lambda}} + U(\bar{\lambda}) - W_0\right) \Phi_1 = - \left(H_1 - \int \overset{*}{\varphi}_0(\bar{\lambda}) \, H_1 \varphi_0(\bar{\lambda}) \, d\bar{\lambda}\right) \varphi_0(\bar{\lambda}) \, \theta_0(\ldots Q_f \ldots)$$

darstellen läßt. Um Φ_1 zu erhalten, betrachten wir die Eigenfunktionen $\varphi_n(\bar{\lambda})$ $(n \neq 0)$ der Gleichung

$$\left(- \frac{h^2}{2\mu} \Delta_{\bar{\lambda}} + U(\bar{\lambda}) - W_n\right) \varphi_n(\bar{\lambda}) = 0, \tag{38}$$

die zusammen mit $\varphi_0(\bar{\lambda})$ ein vollständiges, orthonormiertes System von Eigenfunktionen bilden.

Dann ist offensichtlich

$$\Phi_1 = - \sum_{(n \neq 0)} \varphi_n(\bar{\lambda}) \frac{\int \overset{*}{\varphi}_n(\bar{\lambda}) \, H_1 \varphi_0(\bar{\lambda}) \, d\bar{\lambda}}{W_n - W_0} \theta_0(\ldots Q_f \ldots) + \varphi_0(\bar{\lambda}) \, \theta_1(\ldots Q_f \ldots), \tag{39}$$

wobei $\theta_1(\ldots Q_f\ldots)$ vorläufig noch eine beliebige Funktion ist. Die Summation schließt hier natürlich gleichzeitig eine Integration über das kontinuierliche Spektrum ein.

Wir betrachten jetzt die dritte der Gleichungen (22) und schreiben sie in der Form

$$\left(-\frac{h^2}{2\mu}\Delta_{\bar{\lambda}} + U(\bar{\lambda}) - W_0\right)\Phi_2 = -H_2\varphi_0\theta_0 + E_2\varphi_0\theta_0 - H_1\Phi_1.$$

Die Lösbarkeitsbedingung dieser Gleichung wird dann

$$\int \overset{*}{\varphi}_0(\bar{\lambda})\, H_2\, \varphi_0(\bar{\lambda})\, \theta_0 d\bar{\lambda} + \int \overset{*}{\varphi}_0(\bar{\lambda})\, H_1 \Phi_1 d\bar{\lambda} - E_2\theta_0 = 0$$

oder, wenn man (39) beachtet,

$$(\Gamma - E_2)\,\theta_0(\ldots Q_f\ldots) = 0$$

$$\Gamma = \int \overset{*}{\varphi}_0(\bar{\lambda})\, H_2\, \varphi_0(\bar{\lambda})\, d\bar{\lambda} - \sum_{(n\neq 0)} \frac{\int \overset{*}{\varphi}_0(\bar{\lambda})\, H_1\varphi_n(\bar{\lambda})\, d\bar{\lambda} \int \overset{*}{\varphi}_n(\bar{\lambda})\, H_1 \varphi_0(\bar{\lambda})\, d\bar{\lambda}}{W_n - W_0}. \tag{40}$$

So führt die Lösbarkeitsbedingung für die Gleichung der zweiten Näherung zu einer Gleichung zur Bestimmung von θ_0 und E_2. Die auf analoge Weise erhaltenen Lösbarkeitsbedingung für die Gleichung der dritten Näherung liefert eine Gleichung zur Bestimmung von θ_1 und E_3 usw.

Nachdem wir jetzt sukzessive die Koeffizienten unserer Potenzreihe bestimmt haben, gehen wir zur Betrachtung der ersten Näherung über.

Da $E_1 = 0$ ist, wird in dieser Näherung die Energie des Systems wegen (23) und (30)

$$E_0 = W_0 + \frac{1}{2}\sum_{(f)} |u_f|^2 \left(r_f + \frac{(\boldsymbol{f}\boldsymbol{C})^2}{\nu_1}\right). \tag{41}$$

Daraus finden wir durch Differenzieren

$$\frac{\partial E_0}{\partial C^a} = \frac{\partial W_0}{\partial C^a} + \frac{1}{2}\sum_{(f)} \left(\frac{\partial \overset{*}{u}_f}{\partial C^a} u_f + \overset{*}{u}_f \frac{\partial u_f}{\partial C^a}\right)\left(\nu_f + \frac{(\boldsymbol{f}\boldsymbol{C})^2}{\nu_f}\right) + \sum_{(f)} f^a \frac{|u_f|^2}{\nu_1}(\boldsymbol{f}\boldsymbol{C}). \tag{42}$$

Andererseits erhalten wir, wenn wir Gleichung (24) differenzieren

$$\left\{-\frac{h^2}{2\mu}\Delta_{\bar{\lambda}} + \sum_{(f)} A_f u_f e^{i(\boldsymbol{f}\bar{\lambda})} - W_0\right\}\frac{\partial \varphi_0(\bar{\lambda})}{\partial C^a} + \sum_{(f)} A_f \frac{\partial u_f}{\partial C^a} e^{i(\boldsymbol{f}\bar{\lambda})}\varphi_0(\bar{\lambda}) - \frac{\partial W_0}{\partial C^a}\varphi_0(\bar{\lambda}) = 0.$$

Daraus folgt

$$\frac{\partial W_0}{\partial C^a} = \sum_{(f)} A_f \int e^{i(f\bar{\lambda})} \mid \varphi_0(\bar{\lambda}) \mid^2 d\bar{\lambda} \frac{\partial u_f}{\partial C^a} = -\sum_{(f)} \left(\nu_f - \frac{(\boldsymbol{f}\boldsymbol{C})^2}{\nu_f}\right) \overset{*}{u}_f \frac{\partial u_f}{\partial C^a}$$

und wegen (42) und (32)

$$\frac{\partial \mathcal{E}_0}{\partial C^a} = -\sum_{(f)} \left(\nu_f - \frac{(\boldsymbol{f}\boldsymbol{C})^2}{\nu_f}\right) \overset{*}{u}_f \frac{\partial u_f}{\partial C^a} + \frac{1}{2} \sum_{(f)} \left(\frac{\partial \overset{*}{u}_f}{\partial C^a} u_f + \overset{*}{u}_f \frac{\partial u_f}{\partial C^a}\right) \left(\nu_f + \frac{(\boldsymbol{f}\boldsymbol{C})^2}{\nu_f}\right) +$$

$$+ \sum_{(f)} \frac{f^a |u_f|^2}{\nu_f} (\boldsymbol{f}\boldsymbol{C}) = \frac{1}{h} \sum_{(1 \leq \beta \leq 3)} C^\beta \frac{\partial I^\beta}{\partial C^a}.$$

Wir erhalten folglich

$$\frac{\partial \mathcal{E}_0}{\partial I^a} = \sum_{(1 \leq \gamma \leq 3)} \frac{\partial \mathcal{E}_0}{\partial C^\gamma} \frac{\partial C^\gamma}{\partial I^a} = \frac{1}{h} \sum_{(1 \leq \beta \leq 3} C^\beta \sum_{(1 \leq \gamma \leq 3)} \frac{\partial I^\beta}{\partial C^\gamma} \frac{\partial C^\gamma}{\partial I^a} =$$

$$= \frac{1}{h} \sum_{(1 \leq \beta \leq 3)} C^\beta \frac{\partial I^\beta}{\partial I^a} = \frac{1}{h} C^a,$$

d. h.

$$\boldsymbol{C} = h \frac{\partial \mathcal{E}_0}{\partial \boldsymbol{I}} = \frac{h}{\varepsilon^2} \frac{\partial \mathcal{E}_0}{\partial \boldsymbol{P}}.$$

In der angenommenen Näherung ist aber $\mathcal{E}_0$ die Energie des Systems und deshalb

$$\frac{\partial \mathcal{E}_0}{\partial \boldsymbol{P}} = \boldsymbol{v}_m,$$

wobei $\boldsymbol{v}_m$ die mittlere Geschwindigkeit des Teilchens ist. Wir sehen also, daß der Vektor $\boldsymbol{C}$ bis auf einen Faktor $\frac{h}{\varepsilon^2}$ diese mittlere Geschwindigkeit darstellt.

Wir können jetzt zur Bestimmung der effektiven Masse des Teilchens übergehen.

Wir bezeichnen mit $\varphi_{0,0}(\bar{\lambda})$ und $W_{0,0}$ die Werte von $\varphi_0(\bar{\lambda})$ und W_0 für $\boldsymbol{C} = 0$. Dann erhalten wir

$$\left(-\frac{h^2}{2\mu} \Delta_{\bar{\lambda}} + U_0(\bar{\lambda}) - W_{0,0}\right) \varphi_{0,0}(\bar{\lambda}) = 0, \tag{43}$$

$$U_0(\bar{\lambda}) = -\sum_{(f)} \frac{|A_f|^2}{\nu_f} \int e^{-i(f\bar{\lambda})} |\varphi_{0,0}(\bar{\lambda})|^2 d\bar{\lambda}.$$

Zur Vereinfachung nehmen wir an, daß $|A_f|^2$ und ν_f radialsymmetrische Funktionen des Quasi-Wellenzahlvektors $\boldsymbol{f}$ sind und daß $\varphi_{0,0}(\bar{\lambda})$ radialsymmetrisch bezüglich $\bar{\lambda}$ ist. Dann erhalten wir, wenn wir E_0 nach Potenzen von C entwickeln und nur bis zu Gliedern proportional C^2 gehen,

$$E_0 = E_{0,0} + \frac{1}{6} \sum_{(f)} \frac{hf^2}{\nu_f} |u_f^{(0)}|^2 \boldsymbol{C}^2, \tag{44}$$

wobei

$$E_{0,0} = W_{0,0} + \frac{1}{2} \sum_{(f)} \nu_f |u_f^{(0)}|^2$$

$$u_f^{(0)} = -\frac{A_f^*}{\nu_f} \int e^{-i(f\bar{\lambda})} |\varphi_{0,0}(\bar{\lambda})| d\bar{\lambda},$$

oder

$$E_0 = E_{0,0} + \frac{v_m^2}{2} \sum_{(f)} \frac{h^2 f^2}{3\nu_f \varepsilon^4} |u_f^{(0)}|^2.$$

Also wird die effektive Masse in erster Näherung

$$\mu_{\text{eff}} = \frac{1}{3} \sum_{(f)} \frac{h^2 f^2}{3\nu_f \varepsilon^4} |u_f^{(0)}|^2.$$

Wir stellen fest, daß für den oben erwähnten Fall der Bewegung eines Elektrons im Ionenkristall die Gleichung (43) in Form des zugehörigen Variationsprinzips und die Formel (44) für die Energie zum erstenmal von S. I. Pekar [6] mit Hilfe einer halbklassischen Theorie erhalten wurden, in der das Elektron quantenmechanisch und das Feld klassisch behandelt wurden. Ausgehend von dieser halbklassischen Theorie erhielten L. D. Landau und S. I. Pekar [7] auch als erste die Formel für die effektive Masse.

Wir können hier noch im Rahmen der ersten Näherung eine Korrektur für die Formel (44) finden, die eine Abweichung der quadratischen Abhängigkeit der Energie von der Geschwindigkeit aufweist.

Dafür genügt es, aus den Gleichungen (34) und (35) einen Ausdruck für $\varphi_0(\bar{\lambda})$ und W_0 abzuleiten mit einer Genauigkeit bis zu Gliedern der Ordnung C^2 einschließlich.

Setzt man die Potenzreihenentwicklungen nach $\boldsymbol{C}$

$$\varphi_0(\bar{\lambda}) = \varphi_{0,0}(\bar{\lambda}) + \sum_{(\alpha,\beta)} C^\alpha C^\beta \Psi_{\alpha,\beta}(\bar{\lambda}) + \dots$$

$$W_0 = W_{0,0} + \sum_{(\alpha,\beta)} C^\alpha C^\beta S_{\alpha,\beta} + \dots$$

in diese Gleichungen ein, so erhält man zur Bestimmung von $\Psi_{\alpha,\beta}$ und $S_{\alpha,\beta}$ lineare Gleichungen:

$$\left\{-\frac{h^2}{2\mu}\Delta_{\bar{\lambda}} + U_0(\bar{\lambda}) - W_{0,0}\right\} \Psi_{\alpha,\beta}(\bar{\lambda}) -$$

$$-2\sum_{(f)} \frac{|A_f|^2}{\nu_f} e^{-i(f\bar{\lambda})} \int e^{-i(f\bar{\lambda})} \varphi_0(\bar{\lambda})\, \Psi_{\alpha,\beta}(\bar{\lambda}) d\bar{\lambda} =$$

$$= \left\{\sum_{(f)} \frac{|A_f|^2}{\nu_f^3} f^\alpha f^\beta e^{i(f\bar{\lambda})} \int e^{-i(f\bar{\lambda})} |\varphi_0(\bar{\lambda})|^2 d\bar{\lambda} + S_{\alpha,\beta}\right\} \varphi_0(\bar{\lambda}).$$

Außerdem gilt wegen der Normierungsbedingung

$$\int \Psi_{a,\beta}(\bar{\lambda})\varphi_0(\bar{\lambda})d\bar{\lambda} = 0.$$

Man stellt leicht fest, daß in dem betrachteten Falle

$$\Psi_{a,\beta}(\bar{\lambda}) = \lambda^a \lambda^\beta \Psi(|\bar{\lambda}|); \quad S_{a,\beta} = W_{0,1}\delta_{a,\beta}$$

gilt. Mit der zugehörigen Entwicklung

$$u_f = u_f^{(0)} + \sum_{(a,\beta)} C^a C^\beta u_f^{(a,\beta)} + \ldots$$

$$u_f^{(a,\beta)} = \frac{f^a f^\beta}{\nu_f^2} u_f^{(0)} - 2\frac{A_f^*}{\nu_f}\int e^{-i(f\bar{\lambda})}\varphi_0(\bar{\lambda})\lambda^a\lambda^\beta\Psi(|\bar{\lambda}|)d\bar{\lambda} \tag{45}$$

können wir deshalb schreiben

$$u_f^{(a,\beta)} = A_f^* f^a f^\beta \varrho_1(|\boldsymbol{f}|).$$

Dabei wird $\varrho_1(|\boldsymbol{f}|)$ eine reelle radialsymmetrische Funktion des Quasi-Wellenzahlvektors. Offenbar gilt auch

$$u_f^{(0)} = A_f^* \varrho_0(|\boldsymbol{f}|),$$

wobei $\varrho_0(|\boldsymbol{f}|)$ eine reelle, radialsymmetrische Funktion von f ist.

Wenn wir folglich die Entwicklung (45) in Formel (32) einsetzen, finden wir

$$\boldsymbol{I} = \frac{h}{3}\sum_{(f)}\frac{f^2}{\nu_f}|A_f|^2\varrho_0^2(|\boldsymbol{f}|)\boldsymbol{C} + \frac{4h}{5}\sum_{(f)}\frac{f^4 C^2}{\nu_f}|A_f|^2\varrho_0(|\boldsymbol{f}|)\varrho_1(|\boldsymbol{f}|)\,\boldsymbol{C},$$

woraus

$$E_0 = E_{0,0} + \frac{C^2}{6}\sum_{(f)}\frac{f^2}{\nu}|A_f|^2\varrho_0^2(|\boldsymbol{f}|) + \frac{3C^4}{5}\sum_{(f)}\frac{f^4|A_f|^2}{\nu_f}\varrho_0(|\boldsymbol{f}|)\varrho_1(|\boldsymbol{f}|) \tag{46}$$

folgt. Auf diese Weise können wir die Gültigkeitsgrenzen des quadratischen Gesetzes der Abhängigkeit der Energie von der Geschwindigkeit des Teilchens abschätzen.

Wir gehen jetzt zur Gleichung der zweiten Näherung (40) über.

Wenn wir sie mit Hilfe von Formel (21) ausschreiben, erhalten wir

$$\left\{\frac{1}{2}\sum_{(f)}\nu_f P''_{-f}P''_f + \frac{i}{2}\sum_{(f)}(\boldsymbol{C}\boldsymbol{f})(Q_f P''_f + P''_f Q_f) + \right.$$
$$\left. + \frac{1}{2}\sum \nu_f Q_{-f}Q_f + \frac{1}{2}\sum_{(f,g)}\mathfrak{A}_{f,g}Q_{-f}Q_g - E'\right\}\theta_0(\ldots Q_f \ldots) = 0, \tag{47}$$

wobei

$$E' = E_2 - i\int \varphi_0(\bar{\lambda}) \left(C \frac{\partial}{\partial \bar{\lambda}}\right) \varphi_0(\bar{\lambda})\, d\bar{\lambda},$$

$$\mathfrak{A}_{f,g} = -2A_f^* A_g \sum_{n \neq 0} \frac{\int \overset{*}{\varphi}_0(\bar{\lambda}) e^{-i(f\bar{\lambda})} \varphi_n(\bar{\lambda})\, d\bar{\lambda}}{W_n - W_0} \int \overset{*}{\varphi}_n(\bar{\lambda}) e^{i(g\bar{\lambda})} \varphi_0(\bar{\lambda})\, d\bar{\lambda} \tag{48}$$

und

$$P_f'' = P_f' - i\overset{*}{v}_f \frac{(\boldsymbol{C}\boldsymbol{g})(\boldsymbol{g}\boldsymbol{f})}{\nu_g} \overset{*}{u}_g Q_g =$$

$$= P_f - \overset{*}{v}_f \sum_{(g)} (\boldsymbol{g}\boldsymbol{f}) u_g P_g - i\overset{*}{v}_f \sum_{(g)} \frac{(\boldsymbol{C}\boldsymbol{g})(\boldsymbol{g}\boldsymbol{f})}{\nu_g} \overset{*}{u}_g Q_f. \tag{49}$$

Man sieht, daß die Lösung der Gleichungen (47) auf das Problem der Diagonalisierung einer quadratischen Form zurückgeführt ist. Wir bemerken, daß das Signum dieser Form mit den Minimum-Eigenschaften des Variationsproblems (36), (37) verbunden ist.

So kann man leicht zeigen, daß, wenn $\varphi_0(\bar{\lambda})$ tatsächlich die Minimalfunktion ist und folglich die zugehörige zweite Variation positiv ist, auch die betrachtete quadratische Form Ω positiv wird. Diese zweite Variation verschwindet immer, wenn die Variation (die eine Lösung der zugehörigen Jacobischen Gleichung ist) die Form

$$\delta\varphi = \left(\frac{\partial \varphi_0(\bar{\lambda})}{\partial \bar{\lambda}} \cdot \delta \boldsymbol{x}\right)$$

für beliebige konstante $\delta\boldsymbol{x}$ hat, falls sich die Integrale (36) und (37) nicht ändern, wenn man $\varphi(\bar{\lambda})$ durch $\varphi(\bar{\lambda} + \bar{\lambda}_0)$ ersetzt.

Wenn jetzt die zweite Variation für alle anderen $\delta\varphi$ hauptsächlich positiv ist, so kann man zeigen, daß die quadratische Form positiv definit wird und nur dann verschwindet, wenn identisch gilt

$$\ldots Q_f = 0 \ldots; \quad \ldots P_f' = 0 \ldots$$

In diesem Falle, in dem die quadratische Form positiv definit ist, wird sie durch die kanonische Transformation

$$Q_f = \frac{1}{\sqrt{2}} \sum_{(\omega)} \{\Psi_\omega(f) \overset{+}{b}_\omega + \overset{*}{\Psi}_\omega(-f) b_\omega\},$$

$$P_f' = \frac{i}{\sqrt{2}} \sum_{(\omega)} \{X_\omega(-f) \overset{+}{b}_\omega - \overset{*}{X}_\omega(f) b_\omega\} \tag{50}$$

diagonalisiert, die anstelle der komplexen Koordinaten und Impulse, die durch die Beziehungen

$$\sum_{(f)} \boldsymbol{f} \overset{*}{v}_f Q_f = 0; \quad \sum_{(f)} \boldsymbol{f}\, u_f P_f' = 0$$

verknüpft sind, die gewöhnlichen gequantelten Bose-Amplituden b_ω und b_ω^+ einführt.

Bei dieser Transformation stellen die $\Psi_\omega(f)$ und $X_\omega(f)$ ein System von ,,Eigen-Funktionen" dar, die durch die Gleichungen

$$\begin{aligned}
\bar{\mathcal{E}}_\omega \Psi_\omega(f) &= \nu_f \tilde{X}_\omega(f) - u_f \sum_{(g)} (\boldsymbol{f}\boldsymbol{g}) \nu_g \overset{*}{v}_g \tilde{X}_\omega(g) + \\
&\quad + (\boldsymbol{C}\boldsymbol{f}) \Psi_\omega(f) - u_f \sum_{(g)} (\boldsymbol{f}\boldsymbol{g})(\boldsymbol{g}\boldsymbol{C}) \overset{*}{v}_g \Psi_\omega(g); \\
\bar{\mathcal{E}}_\omega X_\omega(f) &= \nu_f \Psi_\omega(f) + \sum_{(g)} \mathfrak{A}_{f,g} \Psi_\omega(g) - \\
&\quad - v_f \sum_{(g)} (\boldsymbol{f}\boldsymbol{g}) \overset{*}{u}_g \{\nu_g \Psi_\omega(g) + \sum_{(k)} \mathfrak{A}_{g,k} \Psi_\omega(k)\} + \qquad (51) \\
&\quad + (\boldsymbol{C}\boldsymbol{f}) \left\{ \frac{u_f}{\nu_f} \sum_{(g)} (\boldsymbol{C}\boldsymbol{g})(\boldsymbol{f}\boldsymbol{g}) \overset{*}{v}_g \Psi_\omega(g) + \tilde{X}_\omega(f) + \frac{u_f}{\nu_f} \sum_{(g)} (\boldsymbol{f}\boldsymbol{g}) \nu_g \overset{*}{v}_g \tilde{X}_\omega(g) \right\} - \\
&\quad - v_f \sum_{(g)} (\boldsymbol{f}\boldsymbol{g})(\boldsymbol{g}\boldsymbol{C}) \left\{ \frac{u_g}{\nu_g} \sum_{(k)} (\boldsymbol{g}\boldsymbol{k})(\boldsymbol{k}\boldsymbol{C}) \overset{*}{v}_k \Psi_\omega(k) + \tilde{X}_\omega(g) + \right. \\
&\quad \left. + \frac{u_g}{\nu_g} \sum_{(k)} (\boldsymbol{g}\boldsymbol{k}) \nu_k \overset{*}{v}_k \tilde{X}_\omega(\boldsymbol{k}) \right\},
\end{aligned}$$

definiert werden, wobei

$$\tilde{X}_\omega(f) = X_\omega(f) + v_f \sum_{(g)} \frac{(\boldsymbol{f}\boldsymbol{g})(\boldsymbol{g}\boldsymbol{C})}{\nu_g} \overset{*}{u}_g \Psi_\omega(g) \qquad (52)$$

und in Übereinstimmung damit die Orthonormierungsbedingungen

$$\begin{gathered}
\sum_{(f)} \boldsymbol{f} \overset{*}{v}_f \Psi_\omega(f) = 0; \qquad \sum_{(f)} \boldsymbol{f} \overset{*}{u}_f X_\omega(f) = 0, \\
\sum_{(f)} \{\Psi_{\omega_1}(f) \overset{*}{X}_{\omega_2}(f) + \overset{*}{\Psi}_{\omega_2}(f) X_{\omega_1}(f)\} = 2\delta(\omega_1 - \omega_2), \qquad (53) \\
\sum_{(f)} \{\Psi_{\omega_1}(-f) X_{\omega_2}(f) - \Psi_{\omega_2}(f) X_{\omega_1}(-f)\} = 0
\end{gathered}$$

gelten.

Die zugehörigen Eigenwerte $\bar{\mathcal{E}}_\omega$ sind in dem betrachteten Fall alle positiv.

Wenn wir die kanonische Transformation auf die Gleichung (47) anwenden, erhalten wir die Beziehung

$$\left\{ \sum_{(\omega)} \mathcal{E}_\omega \left(n_\omega + \frac{1}{2} \right) - E' \right\} \theta_0 = 0; \qquad n_\omega = \overset{+}{b}_\omega b_\omega, \qquad (54)$$

deren Lösung ganz offensichtlich ist.

So wird die Energie des Systems in zweiter Näherung

$$E = W_0 + \frac{1}{2} \sum_{(f)} |u_f|^2 \left(\nu_f + \frac{(Cf)^2}{\nu_f}\right) + \varepsilon^2 \int \overset{*}{\varphi_0}(\overline{\lambda}) \left(C \cdot i \frac{\partial}{\partial \overline{\lambda}}\right) \varphi_0\,(\overline{\lambda})\, d\overline{\lambda} +$$

$$+ \varepsilon^2 \sum_{(\omega)} \overline{\mathscr{E}}_\omega \left(n_\omega + \frac{1}{2}\right), \tag{55}$$

und speziell für das niedrigste Energieniveau gilt

$$E = W_0 + \frac{1}{2} \sum_{(f)} |u_f|^2 \left(\nu_f + \frac{(Cf)^2}{\nu_f}\right) +$$

$$+ \varepsilon^2 \int \overset{*}{\varphi_0}(\overline{\lambda}) \left(C \cdot i \frac{\partial}{\partial \overline{\lambda}}\right) \varphi_0\,(\overline{\lambda})\, d\overline{\lambda} + \frac{\varepsilon^2}{2} \sum_{(\omega)} \overline{\mathscr{E}}_\omega .$$

Andererseits ist die Energie des reinen Feldes am absoluten Nullpunkt bei Abwesenheit eines Teilchens gleich

$$\frac{1}{2} \sum_{(k)} h\,\omega_k = \frac{\varepsilon^2}{2} \sum_{(k)} \nu_k .$$

Daher müssen wir für die Energie des Teilchens im Feld beim absoluten Nullpunkt den Ausdruck

$$E_p = W_0 + \frac{1}{2} \sum_{(f)} |u_f|^2 \left(\nu_f + \frac{(Cf)^2}{\nu_f}\right) + \varepsilon^2 \int \overset{*}{\varphi_0}(\overline{\lambda}) \left(C \cdot i \frac{\partial}{\partial \overline{\lambda}}\right) \varphi_0\,(\overline{\lambda})\, d\overline{\lambda} +$$

$$+ \frac{\varepsilon^2}{2} \sum_{(\omega)} (\overline{\mathscr{E}}_\omega - \nu_\omega) \tag{56}$$

nehmen.

Entwickelt man den erhaltenen Ausdruck in eine Reihe nach Potenzen der Geschwindigkeit

$$E_p = E_p^0 + \frac{\mu_{\mathrm{eff}}}{2} v_{\mathrm{m}}^2 , \tag{57}$$

so erhält man eine Korrektur von der Ordnung ε^2 zur Bindungsenergie E_p^0 des Teilchens an das Feld und zur effektiven Masse.

Im allgemeinen Falle kann man leicht zeigen, daß die zugehörige Korrektur von der Temperatur abhängt, wenn man den Ausdruck (55) in eine Reihe nach Potenzen von v_m entwickelt (unter Ausschluß der Energie des reinen Feldes).

Die praktische Durchführung der Berechnung wird stark erschwert durch die Schwierigkeiten bei der Bestimmung der Eigenwerte aus dem System (51).

Es ist jedoch eigentlich nicht nötig, die $\overline{\mathscr{E}}_\omega$ einzeln zu berechnen.

Es genügt, ein Verfahren zu entwickeln, Summen der Form (57a)

$$\sum_{(\omega)} \{\overline{\mathscr{E}}_\omega F(\overline{\mathscr{E}}_\omega) - \nu_\omega F(\nu_\omega)\}$$

zu bestimmen.

Da diese Summen symmetrische Funktionen der $\bar{\mathcal{E}}_\omega$ sind, kann man eine Methode ausarbeiten, sie direkt aus den gegebenen Koeffizienten der Gleichung (51) zu berechnen, ohne vorher die einzelnen $\bar{\mathcal{E}}_\omega$ zu bestimmen.

Dieses Verfahren wird der Gegenstand einer nachfolgenden Arbeit sein.

Abschließend bemerken wir, daß die oben entwickelte Theorie in erster Näherung ungeändert bleibt, wenn man in Gleichung (24) nicht das niedrigste, sondern irgendein diskretes Energieniveau nähme (wenn es nur nicht entartet ist).

So haben wir die möglichen gestörten Zustände eines Teilchens im Feld untersucht.

Der Übergang zur zweiten Näherung zeigt, daß diese Zustände quasistationär sind und eine endliche Lebensdauer haben.

Der Fall der entarteten Zustände erfordert eine besondere Behandlung und eine gewisse Vervollkommnung beim Ersatz der Variablen (10).

Eingegangen am 20. III. 1950

LITERATUR

[1] A. I. Achiezer und I. Ja. Pomerančuk, Žurn. èksper. teor. Fiz. **16**, 391 (1946).
[2] S. V. Tjablikov, Žurn. èksper. teor. Fiz. **18**, 1023 (1948).
[3] S. V. Tjablikov, Dopovidi Akad. Nauk Ukrajns'koj RSR No. 6, 3, (1950).
[4] S. I. Pekar, Žurn. èksper. teor. Fiz. **19**, 769 (1949).
[5] M. Born und R. Oppenheimer, Ann. Phys. **84**, 457 (1927).
[6] S. I. Pekar, Žurn. èksper. teor. Fiz. **16**, 341 (1946).
[7] L. D. Landau und S. I. Pekar, Žurn. èksper. teor. Fiz. **18**, 419 (1948).

Adiabatische Form der Störungstheorie beim Problem der Wechselwirkung eines Teilchens mit einem gequantelten Feld[1])

Von S. V. Tjablikov

Es wird eine neue Form der adiabatischen Störungstheorie beim Problem der Wechselwirkung eines Teilchens mit einem gequantelten Feld erörtert. Als Beispiel wird der Hamilton-Operator eines Elektrons im Ionenkristall behandelt.

Bei der Untersuchung der Wechselwirkung eines Teilchens mit einem gequantelten Feld kann der Hamilton-Operator des Systems folgendermaßen geschrieben werden:

$$H = H_p + H_i + H_F,$$

wo H_p der Energieoperator des Teilchens, H_F der des Feldes und H_i der der Wechselwirkung ist. Wir werden das Feld als eine Anzahl nicht miteinander in Wechselwirkung stehender harmonischer Oszillatoren auffassen, so daß

$$H_F = \frac{1}{2} \sum E(f) (q_f^2 + p_f^2);$$

q_f, p_f sind die kanonisch konjugierten Operatoren für Koordinate und Impuls des f-ten Oszillators des Feldes, $E(f)$ die Energieeigenwerte dieser Oszillatoren. Den Wechselwirkungsoperator werden wir in dieser Arbeit in der Form

$$H_i = \sum A_f e^{i(fq)} q_f$$

schreiben, wo A_f eine Funktion des Ausbreitungsvektors f und q die Koordinate des Teilchens ist. Die angegebene Form von H_i kommt in der Theorie der Halbleiter (der Polaronentheorie) [*1*], im Problem des Verhaltens von Beimischungen im He II [*2*, *3*], bei der Untersuchung der Wechselwirkung von Nukleonen mit Mesonenfeldern [*4*] und in vielen anderen Fällen vor. Trotz der ziemlich einfachen Form des Operators der Gesamtenergie H ist eine exakte Lösung des Problems der Wechselwirkung von Teilchen mit einem gequantelten Feld für einen Operator H der oben angegebenen Form unmöglich. Aus diesem Grunde muß man in derartigen Fällen irgendeine Form der Störungstheorie durchführen. Man nimmt gewöhnlich an, daß H_i proportional zu einem kleinen Parameter ε ist, nach dessen Potenzen man die Eigenfunktionen und die Eigenwerte des Operators H ent-

---

[1]) Žurn. èxper. teor. Fiz. **21**, 377 (1951). Deutsche Übersetzung mit Genehmigung des Verlages Kultur und Fortschritt, Berlin, entnommen dem Band „Abhandlungen aus der sowjetischen Physik“ Folge **4**, 54 (1954). Die Übersetzung wurde nochmals redaktionell bearbeitet.

wickelt. In einer Reihe von Fällen kann man aber die Bindungsenergie gegenüber der Feldenergie nicht als klein betrachten; dann werden andere Lösungsmethoden erforderlich.

Weiter unten behandeln wir den Fall der sog. adiabatischen Kopplung des Teilchens mit dem Feld, der gemeinsam von N. N. BOGOLJUBOV und dem Autor dieses Artikels untersucht wurde. Hierbei kann die kinetische Energie der Feldoszillatoren als kleine Störung betrachtet werden, ähnlich wie im Fall der starken Kopplung in der Mesonentheorie der Kernkräfte. Wir weisen darauf hin, daß die adiabatische Form der Störungstheorie in ihren Einzelheiten zur Untersuchung der Spektren mehratomiger Moleküle ausgearbeitet wurde [5]. Der Unterschied zu der hier auseinandergesetzten neuen Form besteht in der Berücksichtigung der Translationsentartung beim Problem der Wechselwirkung des Teilchens mit einem Feld.

1. In der vorliegenden Arbeit beschränken wir uns auf den Fall der Wechselwirkung eines freien Teilchens mit dem Feld und schreiben dementsprechend den Hamilton-Operator des Systems in folgender Form:

$$H = \frac{p^2}{2\mu} + \sum A_f e^{i(fr)} q_f + \frac{1}{2} \sum E(f) \left(\varepsilon^4 p_{-f} p_f + q_{-f} q_f\right), \tag{1}$$

wo r, p die Operatoren für Koordinate und Impuls des Teilchens, q_f, p_f die komplexen Koordinaten und Impulse des f-ten Oszillators des Feldes sind:

$$q_f^* = q_{-f}, \quad p_f^* = p_{-f}, \quad p_f = \frac{\hbar}{i} \frac{\partial}{\partial q_f}. \tag{2}$$

ε ist ein kleiner dimensionsloser Parameter $(\varepsilon \ll 1)$.

Durch einfachen Variablenwechsel: $q_f = \varepsilon q_f'$, $\varepsilon p_f = p_f'$ bringt man den Hamilton-Operator auf folgende Form

$$H = \frac{p^2}{2\mu} + \varepsilon \sum A_f e^{i(fr)} q_f + \frac{\varepsilon^2}{2} \sum E(f) p_{-f} p_f + q_{-f} q_f.$$

Es ist zu erwarten, daß die Bewegung des Teilchens sich aus einer geradlinigen Bewegung des Schwerpunktes des Wellenpaketes und einer Schwankung des Teilchens um diesen herum zusammensetzt, welche durch die Wechselwirkung des Teilchens mit dem Feld (Absorption und Emission von Energiequanten) bewirkt wird. Da eine Translationsentartung vorliegt, ist der Operator (1) invariant gegenüber der Translationsgruppe:

$$r \to r + \alpha, \quad q_f \to q_f e^{-i(f\alpha)}.$$

Daher ist es für das folgende naheliegend, Koordinaten einzuführen, in denen die Translation ausgezeichnet ist. Wir bemerken ferner, daß die Variablen q_f für $\varepsilon = 0$ mit dem Operator H vertauschbar sind, und daß dann die Eigenwerte E von den Parametern q_f abhängen. Infolgedessen führen wir bei von Null verschiedenen Werten von ε neue Variablen ein:

$$r^\alpha = q^\alpha + \lambda^\alpha, \quad q_f = (r_f + \varepsilon Q_f) e^{-i(fq)} \quad (\alpha = 1, 2, 3), \tag{3}$$

wo q^α, λ^α, Q_f die neuen Variablen, r_f c-Zahlen sind, welche später bestimmt werden. Da es drei neue Variablen mehr gibt, erlegen wir den Variablen Q_f die drei zusätzlichen Bedingungen auf:

$$\sum f^\alpha s_f^* Q_f = 0, \tag{4}$$

wo s_f beliebige Funktionen sind, die der Bequemlichkeit halber folgender Orthogonalitätsbedingung unterliegen sollen:

$$\sum_f f^\alpha f^\beta r_f s_f^* = \delta_{\alpha\beta}. \tag{5}$$

Wir transformieren nun den Operator H auf die neuen Variablen. Dazu berechnen wir die Ableitungen nach r^α und q_f:

$$\frac{\partial}{\partial r^\alpha} = \sum \frac{\partial Q_k}{\partial r^\alpha}\frac{\partial}{\partial Q_k} + \sum \frac{\partial q^\beta}{\partial r^\alpha}\frac{\partial}{\partial q^\beta} + \sum \frac{\partial \lambda^\beta}{\partial r^\alpha}\frac{\partial}{\partial \lambda^\beta},$$

$$\frac{\partial}{\partial q_f} = \sum \frac{\partial Q_k}{\partial q_f}\frac{\partial}{\partial Q_k} + \frac{\partial q^\beta}{\partial q_f}\frac{\partial}{\partial q^\beta} + \sum \frac{\partial \lambda^\beta}{\partial q_f}\frac{\partial}{\partial \lambda^\beta}.$$

Auf Grund der Zusatzbedingung (4), die man in der Form

$$\sum_{(f)} f^\alpha s_f^* \{q_f e^{i(fq)} - r_f\} = 0 \tag{6}$$

schreiben kann, ist die Translationskoordinate q nur eine Funktion der q_f und hängt nicht von r ab. Da außerdem $\frac{\partial Q_k}{\partial r} = 0$ ist, sieht man leicht, daß

$$\frac{\partial}{\partial r^\alpha} = \frac{\partial}{\partial \lambda^\alpha}. \tag{7}$$

Wir erhalten weiter unter Benutzung von (8′):

$$-i\frac{\partial}{\partial q_k} = \frac{1}{\varepsilon} e^{i(kq)} P_k' + i\left(\frac{\partial \mathbf{q}}{\partial q_k}, -\frac{\partial}{\partial \mathbf{q}} + \frac{\partial}{\partial \lambda} + \sum \mathbf{f} Q_f P_f'\right),$$

wo die Bezeichnungen

$$P_k' = P_k - s_k^* \sum (k,f) r_f P_f, \quad P_k = -\frac{i\partial}{\partial Q_k} \tag{8}$$

verwendet sind.

Zur Bestimmung von $\frac{\partial q^\alpha}{\partial q_k}$ differenzieren wir (6) nach q_k:

$$\frac{\partial q^\alpha}{\partial q_k} = i k^\alpha s_k^* e^{i(kq)} - \varepsilon \sum_f f^\alpha \left(f, \frac{\partial q}{\partial q_k}\right) s_f^* Q_f. \tag{8'}$$

Hieraus finden wir für $\frac{\partial q^\alpha}{\partial q_k}$ die Reihenentwicklung nach steigenden Potenzen von ε:

$$\frac{\partial q^\alpha}{\partial q_k} = i\, s_k^* e^{i(kq)} \{k^\alpha - \varepsilon \sum f^\alpha(f,k) s_f^* Q_f + \varepsilon^2 \ldots\}.$$

Mit Hilfe dieses Ausdrucks erhalten wir schließlich

$$-i e^{-i(kq)} \frac{\partial}{\partial q_k} = \frac{1}{\varepsilon}\left\{P'_k + \frac{i s_k^*}{\hbar}(k,J)\right\} - \frac{i}{\hbar} s_k^* \sum (k,f)(f,J)\, s_f^* Q_f -$$

$$- s_k^*\left(k, \frac{\partial}{\partial \lambda}\right) - s_k^* \sum (k,f) Q_f P'_f + \varepsilon \ldots,$$

wo folgende Bezeichnungen eingeführt sind:

$$P^a = \frac{J^a}{\varepsilon}, \qquad P^a = \frac{-i\hbar\partial}{\partial q^a}, \qquad p_\lambda^a = -\frac{i\hbar\partial}{\partial \lambda^a}. \tag{9}$$

Unter Benutzung der Formeln zur Transformation der Ableitungen erhalten wir den Ausdruck für H mit einer Genauigkeit bis zu Größen von der Ordnung ε^3 einschließlich

$$H = H_0 + \varepsilon H_1 + \varepsilon^2 H_2 + \varepsilon^3 H_3,$$

$$H_0 = \frac{p_\lambda^2}{2\mu} + \sum A_k e^{i(k\lambda)} r_k + \frac{1}{2}\sum E(k)\,|r_k|^2,$$

$$H_1 = \sum \{A_k e^{i(k\lambda)} + E(k) r_{-k}\} Q_k,$$

$$H_2 = \frac{1}{2}\sum E(k)\, Q_{-k} Q_k + \frac{1}{2}\sum E(k)\left\{P'_{-k} - \frac{i s_k}{\hbar}(k,J)\right\}\left\{P'_k + \frac{i s_k^*}{\hbar}(k,J)\right\}, \tag{10}$$

$$H_3 = -\sum E(k) s_k^*\left\{P'_{-k} - \frac{i s_k}{\hbar}(k,J)\right\}\left\{\left(k, \frac{\partial}{\partial\lambda}\right) + i\sum (k,f)(f,J) s_f^* Q_f + \sum (k,f) Q_f P'_f\right\} -$$

$$- \sum E(k) s_k^*\left\{\left(k, \frac{\partial}{\partial\lambda}\right) + i\sum (k,f)(f,J) s_f^* Q_f + \sum (k,f) Q_f P'_f\right\}\left\{P'_{-k} - \frac{i s_k}{\hbar}(k,J)\right\}.$$

Wir klären jetzt die physikalische Bedeutung des Operators P^α (oder, was dasselbe ist, des Operators J/ε). Vor allem bemerken wir, daß die Operatoren H und P miteinander vertauschbar sind, da der transformierte Hamilton-Operator (10) die Variable q nicht enthält. Deshalb ist P (oder J) ein Bewegungsintegral und kann künftig als c-Zahl angesehen werden. Wir transformieren dann die Ableitung nach q^α in die Ableitung nach den alten Variablen

$$\frac{\partial}{\partial q^\alpha} = \sum \frac{\partial r^\beta}{\partial q^\alpha}\frac{\partial}{\partial r^\beta} + \sum \frac{\partial q_f}{\partial q^\alpha}\frac{\partial}{\partial q_f}.$$

Durch Differentiation von (3) nach q^α finden wir

$$\frac{\partial r^\beta}{\partial q^\alpha} = \delta_{\alpha\beta}, \frac{\partial q_f}{\partial q^\alpha} = -\, i f^\alpha q_f.$$

Somit ist

$$P^a = p^a - i \sum \hbar f^a q_f p_f. \tag{11}$$

Anstelle der kanonisch konjugierten Operatoren p_f, q_f führen wir die Bose-Operatoren ξ_f, ξ_f^+ ein:

$$q_f = \frac{(\xi_f + \xi_{-f}^+)}{\varepsilon\sqrt{2}}, \qquad p_f = -\, i\varepsilon \frac{(\xi_{-f} - \xi_f^+)}{\sqrt{2}},$$

mit denen sich die Operatoren P und H in der Formel (1) folgendermaßen schreiben:

$$P^a = p^a + \sum \hbar f^a \xi_f^+ \xi_f,$$

$$H = \frac{p^2}{2\mu} + \sum \frac{A_f}{\sqrt{2}} e^{i(fq)} (\xi_f + \xi_{-f}^+) + \sum E(f) \xi_f^+ \xi_f. \tag{12}$$

Wir sehen hieraus, daß P^a $\left(\text{(bzw. } \frac{J^a}{\varepsilon}\right)$ der Gesamtimpuls des Systems ist, der im betrachteten Fall ein Bewegungsintegral darstellt.

Für die weiteren Rechnungen benutzen wir die Operatorenform der Störungstheorie, die Störungstheorie in der Form von Projektionsoperatoren. Wir lassen die Einzelheiten der Rechnung fort, die man in [*6*] und [*7*] finden kann, und geben nur ihre Hauptergebnisse an.

Wir betrachten die Wellengleichung

$$(\mathcal{E}_n - H_0)\varphi_n(\lambda) = 0, \tag{13}$$

wo H_0 gemäß (10) definiert ist. Wir nehmen an, daß das Eigenwertspektrum dieser Gleichung diskret ist und die Wellenfunktionen auf Eins normiert sind:

$$(\varphi_n^*, \varphi_n) = 1. \tag{14}$$

Da der Operator H_0 auf die Variable Q_k nicht wirkt, kann die Wellenfunktion unseres Systems in nullter Näherung in der Form geschrieben werden

$$C_0(\lambda, Q) = \varphi_0(\lambda)\Theta_0(Q). \tag{15}$$

Wir weisen darauf hin, daß wir die Energieterme des Gesamtsystems (genauer gesagt, wird es sich um Zonen handeln) nach den Eigenwerten der Gleichung (13) numerieren werden. Das Niveau, das wir in der Folge durch den Index Null bezeichnen, muß nicht unbedingt das niedrigste sein; wesentlich ist nur, daß der entsprechende Eigenwert $\mathcal{E}_0$ der Gleichung (13) vor den übrigen ausgezeichnet ist.

Die Wellenfunktion $C(\lambda, Q)$, die aus

$$(E - H)C(\lambda, Q) = 0 \tag{16}$$

bestimmt wird, kann als Reihe nach den Eigenfunktionen $\varphi_n(\lambda)$ dargestellt werden (14):

$$C(\lambda, Q) = \sum \varphi_n(\lambda) \Theta_n(Q). \tag{17}$$

Die Wellenfunktionen nullter Näherung C_0 bilden einen linearen Raum, den wir mit $\mathfrak{L}$ bezeichnen (insbesondere kann er eindimensional sein). Wir führen den Operator P ein, der eine beliebige Wellenfunktion C auf den Raum $\mathfrak{L}$ projiziert. Offenbar kann man ihn folgendermaßen definieren:

$$PC = \varphi_0(\lambda) (\varphi_0^* C) = \varphi_0(\lambda) \Theta_0(Q) = C_0, \tag{18}$$

wobei nach Definition des Projektionsoperators $P^2 = P$. Mit Hilfe dieses Operators kann man in einer leichten Rechnung [6] die Wellenfunktion der exakten Gleichung (16) durch die Wellenfunktion nullter Näherung ausdrücken:

$$C = (1 + \varepsilon K + \varepsilon^2 L + \varepsilon^3 \ldots) C_0, \tag{19}$$

wo die Operatoren K, $L, \ldots$ durch die Formeln

$$\begin{aligned} K &= (H_0 - \mathscr{E}_0)^{-1}(PH_1P - H_1), \\ L &= (H_0 - \mathscr{E}_0)^{-1}(PH_2P - H_2) + \\ &\quad + (H_0 - \mathscr{E}_0)^{-1}(\Delta_0 + PH_1 - H_1)(H_0 - \mathscr{E}_0)^{-1}(PH_1P - H_1) \end{aligned} \tag{20}$$

definiert sind.

Hier ist Δ_0 ein Korrekturglied erster Näherung der Energie

$$\Delta_0 = E - \mathscr{E}_0 + \varepsilon^2 \ldots \tag{21}$$

Die Wirkung des Operators $(H_0 - \mathscr{E}_0)^{-1}$ auf eine beliebige Wellenfunktion C wird folgendermaßen definiert:

$$(H_0 - \mathscr{E}_0)^{-1} C = (H_0 - \mathscr{E}_0)^{-1} \sum \varphi_n(\lambda) (\varphi_n^*, C) = \sum \varphi_n \frac{(\varphi_n, C)}{(\mathscr{E}_n - \mathscr{E}_0)}. \tag{22}$$

Speziell ist

$$(H_0 - \mathscr{E}_0)^{-1} C_0 = 0.$$

Auf ähnliche Weise erhält man leicht Gleichungen verschiedener Näherungsstufen für die Projektion C_0 der exakten Wellenfunktion C auf den Raum $\mathfrak{L}$. Wir lassen die Rechnungen fort und geben gleich die Schlußausdrücke für die Gleichungen erster, zweiter und dritter Näherung an

$$(E - \mathscr{E}_0) C_0 = \varepsilon P H_1 P C_0, \tag{23}$$

$$(E - \mathscr{E}_0) C_0 = P\{\varepsilon H_1 + \varepsilon H_2 - \varepsilon^2 (H_1 - PH_1P)(H_0 - \mathscr{E}_0)^{-1}(H_1 - PH_1P)\} PC_0,$$

$$\begin{aligned} (E - \mathscr{E}_0) C_0 = P\{&\varepsilon H_1 + \varepsilon^2 H_2 + \varepsilon^3 H_3 - \varepsilon^2 (H_1 - PH_1P)(H_0 - \mathscr{E}_0)^{-1}(H_1 - PH_1P) - \\ &- \varepsilon^3 (H_2 - PH_2P)(H_0 - \mathscr{E}_0)^{-1}(H_1 - PH_1P) - \\ &- \varepsilon^3 (H_1 - PH_1P)(H_0 - \mathscr{E}_0)^{-1}(H_2 - PH_2P) + \\ &+ \varepsilon^3 (H_1 - PH_1P)(H_0 - \mathscr{E}_0)^{-1}(H_1 - PH_1 - \Delta_0)(H_0 - \mathscr{E}_0)^{-1}(H_1 - PH_1P)\} PC_0. \end{aligned}$$

Wir gehen nun zur Lösung der Gleichungen (23) über, um die Eigenwerte und Eigenfunktionen erster, zweiter und dritter Näherung zu finden. Für die Gleichung erster Näherung erhalten wir unter Benutzung von (23), (13), (15), (18), (10):

$$(E - \mathcal{E}_0)\, C_0 = \sum (A_k\, I_k^{(0,0)} + E(k) r_{-k})\, Q_k\, C_0, \tag{24}$$

wo

$$I_k^{(n,0)} = (\varphi_n^*,\, e^{i(k\lambda)}\, \varphi_0), \qquad I_{-k}^{(0,0)} = I_k^{*\,(0,0)}. \tag{25}$$

Da die Eigenwerte der Energie nicht von der Koordinate Q_k abhängen dürfen, ist $PH_1P = 0$, woraus wir eine Bedingung zur Bestimmung der c-Zahl r_k gewinnen:

$$r_{-k} = \frac{A_k}{E(k)}\, I_k^{(0,0)}. \tag{26}$$

Folglich tritt in erster Näherung keine Entartung auf, der Term E bleibt ungespalten. Durch Einsetzen von (26) in (13) erhalten wir eine Bestimmungsgleichung für die Funktion $\varphi_n(\lambda)$:

$$\left\{- \frac{\hbar^2}{2\mu} \Delta_\lambda - \sum \frac{A_f^2}{E(f)}\, I_f^{(0,0)}\, e^{i(f\lambda)} + \frac{1}{2} \sum \frac{|A_f|^2}{E(f)}\, |I_f^{(0,0)}|^2 - \mathcal{E}_n\right\} \varphi_n(\lambda) = 0. \tag{27}$$

Somit kann eine Wellengleichung beliebiger Näherung in der Form geschrieben werden:

$$(E - \mathcal{E}_0) C_0 = \tilde{H}_n C_0,$$

wo $\tilde{H}_n$ der „äquivalente Hamilton-Operator" der entsprechenden Näherung ist, den man aus dem Ausgangs-Hamilton-Operator H berechnen kann. Die Störungstheorie in der Form der Projektionsoperatoren entspricht der gewöhnlichen Störungstheorie, nur mit dem Unterschied, daß in unserem Fall in dem Raum, in dem die Wirkung des Operators H definiert ist, eine Transformation nicht der Achsen, sondern des Operators vollzogen wird.

Wir gehen zu den Gleichungen zweiter Näherung über und berechnen zunächst das Ergebnis der Einwirkung des Operators

$$P(H_1 - PH_1P)\,(H_0 - \mathcal{E}_0)^{-1} (H_1 - PH_1P) P$$

auf die Wellenfunktion C_0. Wegen der obigen Bedingung der Unabhängigkeit der Eigenwerte E von den Variablen Q_f ist $PH_1P = 0$; außerdem ist $PH_2P = H_2$, da der Operator H_2 nicht auf die Variable λ einwirkt. Infolgedessen transformiert sich der Operator in der Form

$$PH_1(H_0 - \mathcal{E}_0)^{-1} H_1 P = \sum B_{gf} Q_g\, Q_f,$$

mit den Bezeichnungen:

$$B_{gf} = A_g\, A_f \sum \frac{I_f^{(0,n)}\, I_f^{(n,0)}}{\mathcal{E}_n - \mathcal{E}_0}, \qquad I_f^{(n,0)} = (\varphi_n^*,\, e^{i(f\lambda)} \varphi_0). \tag{28}$$

Mit diesen Bezeichnungen nimmt die Wellengleichung zweiter Näherung folgende Form an:

$$(E - \mathcal{E}_0) C_0 = \varepsilon^2 \left\{ \frac{1}{2} \sum E(k) Q_{-k} Q_k - \sum B_{gf} Q_g Q_f + \right.$$

$$\left. + \frac{1}{2} \sum E(k) \left(P'_{-k} - \frac{i s_k}{\hbar} (k, J) \right) \left(P'_k + \frac{i s_k^*}{\hbar} (k, J) \right) \right\} C_0. \tag{29}$$

Zur Bestimmung der Eigenwerte müssen wir den äquivalenten Hamilton-Operator $\tilde{H}_2$ auf Diagonalform transformieren. Da P'_k eine Linearform in P_k ist,

$$P'_k = P_k - v_k^* \sum (k, f) r_f P_f,$$

ist H_2 eine quadratische Form in P_k, Q_k, wobei die Variablen P und Q getrennt eingehen. Vor allem eliminieren wir aus dem Hamilton-Operator die in P linearen Glieder. Hierzu setzen wir

$$P_k = \mathfrak{P}_k + a_k \tag{30}$$

und setzen die Koeffizienten der ersten Potenz von $\mathfrak{P}_k$ gleich Null, was Gleichungen zur Bestimmung der c-Zahlen a_k liefert:

$$E(k) \left\{ a'_{-k} - \frac{i s_k}{\hbar} (k, J) \right\} - r_k \sum_{(f)} E(f) \left\{ a'_{-f} - \frac{i s_f}{\hbar} (f, J) \right\} (k, f) v_f^* = 0, \tag{31}$$

wo

$$a'_k = a_k - s_k \sum (k, f) r_f a_f.$$

Diese Gleichung ist erfüllt, wenn wir setzen

$$E(k) \left\{ a'_{-k} - \frac{i s_k}{\hbar} (k, J) \right\} = - i \hbar (k, V) r_k, \tag{32}$$

wo V ein neuer Vektor ist. Durch Einsetzen von a'_k in die Identität

$$\sum k^a r_k a'_k \equiv 0$$

erhalten wir unter Berücksichtigung der Orthogonalitätsbeziehung (5) folgende Gleichung zur Bestimmung von V:

$$J^a - \sum \frac{\hbar^2 k^a (k, V) \, |r_k|^2}{E(k)} = 0. \tag{33}$$

Nach diesen Umformungen nimmt (29) die Form an:

$$(E - \mathcal{E}_0) C_0 = \varepsilon^2 \left\{ \frac{1}{2} (J, V) + \frac{1}{2} \sum E(k) Q_{-k} Q_k - \sum B_{gf} \, Q_g Q_f + \right.$$

$$\left. + \frac{1}{2} \sum E(k) P_{-k} P'_k \right\} C_0. \tag{34}$$

In diese Gleichung zweiter Näherung gehen die noch unbestimmt gebliebenen Größen s_k ein. Die Gleichung (32) bestimmt die Funktionen a_k, s_k nicht eindeutig. Mit Rücksicht darauf bemerken wir, daß bei der Umformung von (30) von der Größe a_k nur gefordert wird, daß die in P linearen Glieder aus dem Hamilton-Operator verschwinden sollen. Deshalb können wir unter Benutzung der Unbestimmtheit der Größen s_k ohne Beschränkung der Allgemeinheit setzen:

$$a_k' = 0, \quad (k, J) E(k) s_k = \hbar^2 (k, V) r_k. \tag{35}$$

Wir beschränken uns außerdem auf den Fall radialsymmetrischer Lösungen der Gleichung (27) und können infolge (33) setzen:

$$V^\alpha = \frac{1}{\mu^*} J^\alpha \qquad (\alpha = 1, 2, 3), \tag{36}$$

wo

$$\mu^* = \frac{1}{3} \sum \frac{\hbar^2 k^2 |r_k|^2}{E(k)}. \tag{37}$$

Der Hamilton-Operator zweiter Näherung kommt jetzt auf die Form

$$\tilde{H}_2 = \varepsilon^2 \left\{ \frac{J^2}{2\mu^*} + \frac{1}{2} \sum E(k) \left(Q_{-k} Q_k + \mathfrak{P}_{-k} \mathfrak{P}_k \right) - \right.$$

$$\left. - \sum B_{-kf} Q_{-k} Q_f - \sum \frac{\hbar^2 (kf)}{2\mu^*} \mathfrak{P}_{-k} \mathfrak{P}_f, \right. \tag{38}$$

wo die Größen r_k, B_{kf} durch (26), (28) definiert sind. Um $\tilde{H}_2$ auf die Diagonalform zu bringen, geht man bequemerweise zur Vorstellung einer zweiten Quantelung über, die in (38) durch die Variablensubstitution

$$Q_f = \frac{1}{\sqrt{2}} \sum \{ \varphi_\nu'(f) \zeta_f + \varphi_\nu^*(-f) \zeta_f^+ \},$$

$$\mathfrak{P}_f = \frac{i}{\sqrt{2}} \sum \{ -\chi_\nu(-f) \zeta_f + \chi_\nu^*(f) \zeta_f^+ \},$$

$$\varphi_\nu(f) = u_\nu(f) + v_\nu(-f),$$

$$\chi_\nu(f) = u_\nu(f) - v_\nu(-f) \tag{39}$$

durchgeführt wird, wo ζ, ζ^+ neue Operatoren sind, die der Bose-Statistik gehorchen und die Funktionen $u_\nu(f)$, $v_\nu(f)$ aus den Lösungen des folgenden Gleichungssystems [8]:

$$E_\nu u_\nu(f) = E(f) u_\nu(f) - \sum \mathfrak{S}_{fk} u_\nu(k) - \sum \mathfrak{R}_{fk} v_\nu(k),$$

$$- E_\nu v_\nu(f) = E(f) v_\nu(f) - \sum \mathfrak{S}_{fk} v_\nu(k) - \sum \mathfrak{R}_{fk} u_\nu(k) \tag{40}$$

(und eines analogen Systems für die konjugierten Funktionen) bestimmt werden. Zur Abkürzung der Schreibweise führten wir hier die Bezeichnungen ein

$$\mathfrak{R}_{fk} = B_{fk} + \frac{\hbar^2 (f,k)}{2\mu^*} u_{-f} u_{-k},$$

$$\mathfrak{S}_{fk} = \frac{1}{2} (B_{-kf} + B_{k,-f}) + \frac{\hbar^2 (f,k)}{2\mu^*} u_f u_{-k}. \tag{41}$$

Die Funktionen $u_\nu(f)$, $v_\nu(f)$ genügen den folgenden Orthogonalitäts- und Normierungsbedingungen:

$$\sum_f \{u_\mu(f) u_\nu^*(f) - v_\nu^*(f) v_\mu(f)\} = \delta_{\mu\nu},$$

$$\sum_{(f)} \{u_\mu(f) v_\nu(f) - u_\nu(f) v_\mu(f)\} = 0; \tag{42}$$

außerdem sind auf Grund der Zusatzbedingung (4) folgende Beziehungen erfüllt:

$$\sum f^\alpha \{u_\nu(f) + v_\nu(-f)\} s_f^* = 0,$$

$$\sum f_\alpha \{u_\nu(f) + v_\nu(-f)\} s_f = 0. \tag{43}$$

Die Transformation (39) ist kanonisch, da die Operatoren ζ, ζ^+ ebenfalls den Vertauschungsrelationen der Bose-Teilchen genügen. In den neuen Variablen schreibt sich der Hamilton-Operator zweiter Näherung in folgender Form:

$$\tilde{H}_2 = \varepsilon^2 \mathcal{E}_0^{(2)} + \varepsilon^2 \sum E_\nu \zeta_\nu^+ \zeta_\nu,$$

$$\mathcal{E}_0^{(2)} = \frac{J^2}{2\mu^*} - \sum \frac{\hbar^2 f^2}{2\mu^*} |r_f|^2 + \frac{1}{2} \sum (E(k) - B_{-k,k}); \tag{44}$$

E_ν sind die Eigenwerte des Systems (40). In zweiter Näherung zerfällt also der Hamilton-Operator des Systems in die unabhängigen Operatoren für Teilchen und Feld

$$H = H_0 + \tilde{H}_2,$$

wo H_0 durch (10) oder (27) gegeben wird und den Hamilton-Operator des Teilchens in einem effektiven Feld darstellt, dessen Auftreten durch das Wechselwirkungsglied im Ausgangs-Hamilton-Operator (1) erklärt wird. Das Feld wird in dieser Näherung als eine Gesamtheit nicht miteinander in Wechselwirkung stehender Quasi-Teilchen mit einer Energie E_ν und einem Impuls ν dargestellt (oder als Gesamtheit nicht miteinander in Wechselwirkung stehender harmonischer Oszillatoren). Die Energieeigenwerte des Systems sind in dieser Näherung durch den Ausdruck

$$E = \mathcal{E}_0 + \varepsilon^2 \mathcal{E}_0^{(2)} + \varepsilon^2 \sum E_\nu n_\nu \quad (n_\nu = 0, 1, 2, \ldots)$$

gegeben, wo $\mathcal{E}_0$, $\mathcal{E}_0^{(2)}$, E_ν durch (27), (44) und (40) definiert sind. Speziell hängt die Energie des Systems, da $J = \varepsilon P$ ist, vom Gesamtimpuls in der Form $\frac{\varepsilon^4 p^2}{2\mu^*}$

ab. Die Größe $\frac{\mu^*}{\varepsilon^4}$ spielt die Rolle einer effektiven Masse

$$\mu_{eff} = \frac{\mu^*}{\varepsilon^4} = \frac{\hbar^2}{3\varepsilon^4} \sum k^2 \frac{|A_k|^2}{E^3(k)} \left| \left(\varphi_0^*(\lambda), e^{i(f\lambda)} \varphi_0(\lambda)\right) \right|^2. \tag{45}$$

2. In zweiter Näherung sind die Variablen des Teilchens und des Feldes getrennt, und die Lebensdauer irgendeines Zustandes ist unendlich. In der folgenden Näherung tauchen Wechselwirkungsglieder auf, die das Vorhandensein von Null verschiedener Übergangswahrscheinlichkeiten zwischen den einzelnen Zuständen und infolgedessen eine endliche Lebensdauer der Zustände bedingen. Um die Möglichkeit zu gewinnen, diese Effekte zu berechnen, gehen wir zur Bestimmung des Hamilton-Operators in dritter Näherung über.

Die allgemeine Form des Hamilton-Operators dritter Näherung wird durch die dritte Gleichung (23) gegeben. Vor allem weisen wir darauf hin, daß auf Grund von $PH_2 = H_2P$ und $P(1-P) = 0$ aus dem Hamilton-Operator alle Glieder fortfallen, die den Ausdruck $(H_2 - PH_2P)P$ enthalten. Ferner formen wir die Gleichung dritter Näherung (23) folgendermaßen um:

$$(E - \mathcal{E}_0)C_0 = P\{\varepsilon^2 H_2 + \varepsilon^3 H_3 - \varepsilon^2 H_1 (H_0 - \mathcal{E}_0)^{-1} H_1 +$$

$$+ \varepsilon^3 H_1 (H_0 - \mathcal{E}_0)^{-1} (H_1 - PH_1 - \Delta_0)(H_0 - \mathcal{E}_0)^{-1} H_1\} PC_0, \tag{46}$$

wobei wir im Auge behalten, daß PH_1P gleich Null ist.

Δ_0 ist ein Zusatzglied zur Energie in erster Näherung; nach (26) ist es gleich Null. Ferner können wir unter Beachtung der Eigenschaften der Operatoren P und $(H_0 - \mathcal{E}_0)^{-1}$ einen übersichtlichen Ausdruck für den Hamilton-Operator gewinnen. Wir lassen die Zwischenrechnungen aus und geben nur das Ergebnis der Berechnungen für $\tilde{H}_3$ an:

$$(E - \mathcal{E}_0)C_0 = \varepsilon^2 \tilde{H}_2 C_0 + \varepsilon^3 \sum B_{hgf} Q_h Q_g Q_f -$$

$$- \sum E(k) s_k^* \left\{ P'_{-k} - \frac{i s_k}{\hbar}(k, J) \right\} \left\{ i \sum (J, f)(f, k) s_f^* Q_f + \right.$$

$$\left. + \sum (k, f) Q_f P'_f + \left(k, \left(\varphi_0^*, \frac{\partial \varphi}{\partial \lambda} \right) \right) \right\} - \sum E(k) s_k^* \left\{ i \sum (J, f)(f, k) s_f^* Q_f + \right.$$

$$\left. + \sum (k, f), Q_f P'_f + \left(\boldsymbol{k}, \left(\varphi_0^*, \frac{\partial \varphi}{\partial \lambda} \right) \right) \right\} \left\{ P'_{-k} - \frac{i s_k}{\hbar}(k, J) \right\} C_0,$$

mit den Bezeichnungen

$$B_{hgf} = \sum_{(m,n)} \frac{I_h^{(0,m)} I_g^{(m,n)} I_f^{(n,0)}}{(\mathcal{E}_m - \mathcal{E}_0)(\mathcal{E}_n - \mathcal{E}_0)} A_h A_g A_f - \sum_{(n)} \frac{I_f^{(n,0)} I_g^{(0,0)} I_h^{(0,n)}}{(\mathcal{E}_n - \mathcal{E}_0)^2} A_h A_g A_f. \tag{47}$$

Unter Benutzung der Definition (35) für s_k, der Beziehung (5) und der Identität hinsichtlich P'_k ergibt sich

$$E(k)s_k = \left(\frac{\hbar^2}{\mu^*}\right) r_k, \qquad \sum (k,f)\,(k,g)\,s_k^* r_k = (f,g), \tag{48}$$

$$\sum k^a r_k P'_k = 0 \quad (\alpha = 1, 2, 3).$$

Wir erhalten schließlich folgenden Ausdruck für die Gleichung dritter Näherung:

$$(E - \mathcal{E}_0)C_0 = \varepsilon^2 \tilde{H}_2 C_0 + \varepsilon \Bigg\{ \sum B_{hgf} Q_h Q_g Q_f - 2\frac{\hbar}{\mu^*} \sum (J,f)^2 v_f^* Q_f + $$
$$+ 2i\frac{\hbar}{\mu^*} \sum (J,f)\, Q_f P'_f + 2i\frac{\hbar}{\mu^*}\left(\boldsymbol{J}, \left(\varphi_0^*, \frac{\partial \varphi_0}{\partial \lambda}\right)\right)\Bigg\} C_0. \tag{49}$$

Der Operator $\tilde{H}_2$ ist durch (29) definiert.

Die Berücksichtigung der Glieder dritter Ordnung ergibt die Lebensdauer der behandelten Zustände und die Abhängigkeiten einer Reihe von Größen von der Temperatur des Phononenfeldes, ähnlich denen, die auch im Fall schwacher Bindung vorliegen.

3. Als Beispiel für die Anwendung der von uns ausgearbeiteten Methoden behandeln wir das Verhalten eines Elektrons im Ionenkristall. Bei der Untersuchung der Eigenschaften des Elektrons im Ionenkristall schlug PEKAR [*9*, *1*] eine Methode vor, die sich auf die Vorstellung gründet, daß das Elektron das umgebende Medium polarisiert, welches man als kontinuierlich ansehen kann; die Rückwirkung dieser Polarisation auf das Elektron ist äquivalent der Wirkung eines Potentialtopfes. Sie bewirkt eine Autolokalisation des Elektrons[1]). Für das Elektron, das durch die von ihm erzeugte Polarisation begleitet wird, führt man naheliegenderweise die Bezeichnung Polaron ein. In den ersten Arbeiten von PEKAR wurde angenommen, daß das Polaron unbeweglich ist und ein diskretes Niveau bildet, das unterhalb des Bandbodens liegt. Es ist jedoch nicht schwer festzustellen, daß die Vorstellung der diskreten Polaronenniveaus entfällt, da die Möglichkeit der Bewegung des Polarons als Ganzes nicht ausgeschlossen werden darf. Dabei kommen wir wieder zum Bändermodell, aber vervollständigt durch die Polaronen. In späteren Arbeiten versuchte PEKAR die Translationsentartung des Polaronenproblems zu berücksichtigen [*1*]. Jedoch wegen der inkonsequenten Berücksichtigung dieser Entartung und der halbklassischen Betrachtung des Kristalls muß man die Ergebnisse PEKARS sehr vorsichtig einschätzen. Infolge des begrenzten Raumes versagen wir uns eine ins einzelne gehende Untersuchung des Polarons und behandeln nur die Frage nach seinem Grundzustand und der entsprechenden effektiven Masse. Für das Polaron ist

$$A_f = -\frac{1}{f}\sqrt{\frac{4\pi e^2 \hbar\,\omega\,\beta}{V}}, \quad E(f) = \hbar\omega, \quad \beta = \frac{1}{n^2} - \frac{1}{\varepsilon_0}, \tag{50}$$

wo ω die Frequenz der optischen Schwingungen, ε_0 die Dielektrizitätskonstante und n der Brechungsindex ist. Nach (27) können wir den Hamilton-Operator

---

[1]) Schon früher wurde diese Idee von LANDAU [*10*] und FRENKEL [*11*] ausgesprochen.

des Polarons folgendermaßen schreiben:

$$H_0 = -\left(\frac{\hbar^2}{2\mu}\right)\Delta_\lambda + U_{\text{eff}} + C,$$

$$C = \frac{1}{2}\sum \frac{|A_f|^2}{E(f)} |I_f^{(0,0)}|^2,$$

$$U_{\text{eff}} = -\sum \frac{|A_f|^2}{E(f)} I_f^{(0,0)} e^{i(f\lambda)} = -\beta e^2 \int \frac{|\varphi_0(\lambda')|^2}{|\lambda - \lambda'|} d\lambda'.$$

Zur Bestimmung des Grundzustandes benutzt man besser ein Variationsprinzip

$$J(\varphi) = \frac{\hbar^2}{2\mu}\int |\Delta_\lambda \varphi_0(\lambda)|^2 d\lambda - \frac{\beta e^2}{2}\int\int |\varphi_0(\lambda')|^2 |\varphi_0(\lambda'')|^2 \frac{d\lambda' \partial\lambda''}{|\lambda' - \lambda'')|},$$

$$\delta J(\varphi) = 0.$$

Wir suchen ein $\varphi_0(\lambda)$ von der Form $e^{-\alpha|\lambda|}$ [9]; dann ist

$$\varphi_0(\lambda) = 0{,}123\,\alpha^{3/2}(1 + \alpha\lambda + 0{,}451\,\alpha^2\lambda^2)\,e^{-\alpha\lambda},$$

$$U_{\text{eff}}(\lambda) \approx -\frac{\beta e^2}{\lambda}\{1 - e^{2\alpha\lambda}(1 + 1{,}52\alpha\lambda + 1{,}17\alpha^2\lambda^2 + 0{,}41\alpha^3\lambda^3 + $$
$$+ 0{,}09\alpha^4\lambda^4 + 0{,}01\alpha^5\lambda^5)\},$$

$$\alpha = \frac{0{,}66\,\beta\mu e^2}{\hbar^2}. \tag{51}$$

Für die effektive Masse erhalten wir nach (45)

$$\mu_{\text{eff}} = \frac{16\pi^2\beta e^2}{3\omega^2}\int_0^\infty \varphi^4(\lambda)\lambda^2 d\lambda = 0{,}0052\left(\frac{\beta\mu e^2}{\hbar^2}\right)^3 \frac{\beta e^2}{\omega^2}. \tag{52}$$

Das Polaron bewegt sich als Ganzes mit einem Impuls P und einer effektiven Masse μ_{eff}. Diese effektive Masse spielt auch in verschiedenen anderen Effekten, die unter Berücksichtigung der vom Elektron erzeugten Polarisation zu berechnen sind, die Rolle der Masse des Teilchens.

Zuerst wurde die Gleichung für das Polaron mit Hilfe des Variationsprinzips von PEKAR aufgestellt [9]; er erhielt gemeinsam mit LANDAU auch zuerst den Ausdruck für die effektive Masse [12], der in unserer Bezeichnungsweise die Form hat

$$\mu_{\text{eff}} = 5{,}8 \cdot 10^{-3}\left(\frac{\mu e^2\beta}{\hbar^2}\right)^3 \frac{\beta e^2}{\omega^2}.$$

Wir bemerken zum Schluß, daß in der letzten Arbeit, die der Untersuchung der Eigenschaften langsamer Elektronen in Ionenkristallen gewidmet war [13], die Folgerung gezogen wird, daß eine Autolokalisation bei Berücksichtigung der Polarisation des umgebenden Mediums nicht stattfindet. Dieser Gedanke scheint uns unzutreffend zu sein und veranlaßt uns, einige Bemerkungen zu machen.

Die Ansichten, die in der Arbeit [13] entwickelt werden, sind folgende: 1. das Elektron kann sich trotz der Polarisation frei durch den ganzen Kristall bewegen; 2. an das unterste Niveau schließt sich ein Kontinuum von Zuständen an, weshalb es keine diskreten Terme gibt, die durch Lücken von den übrigen getrennt sind.

Der erste Punkt zeigt den wesentlichen Mangel der Methode PEKARS sehr deutlich. Die Berücksichtigung der Translationsentartung des Problems (d. h. der Möglichkeit der freien Bewegung des Elektrons durch den Kristall) schließt jedoch, wie die Ergebnisse des ersten Teils der vorliegenden Arbeit zeigen, keineswegs die Möglichkeit einer Autolokalisation des Elektrons aus, was man z. B. aus den Gleichungen nullter Näherung entnimmt (27). Aus diesem Grunde kann die erste Bemerkung nicht als Argument gegen die Möglichkeit einer Autolokalisation angesehen werden. Die Gleichung (27) kann eine Reihe von Lösungen haben, die sowohl einem diskreten als auch einem kontinuierlichen Spektrum angehören können. Unter Polaronenzuständen des Elektrons versteht man gewöhnlich die Lösungen von (16), die diskreten Eigenwerten von (27) entsprechen. Jeder dieser Zustände stellt ein Elektron dar, das von der selbsterzeugten Polarisation begleitet durch den Kristall wandert. Die Wellenfunktion dieser Zustände hat die Form

$$C \sim e^{i\frac{(Jq)}{e^2\hbar}} \varphi_0(\lambda)\, \Theta(\ldots, Q_k, \ldots). \tag{53}$$

Da J beliebige Werte durchlaufen kann, sprachen wir gerade in diesem Sinn oben von Eigenwertsbändern. Das gibt auch Antwort auf die zweite Behauptung. Die Lösung der Frage, ob (27) einen diskreten Eigenwert besitzt, hängt hauptsächlich von der Größe β ab. Bei kleinem β ist die Tiefe des effektiven Potentialtopfes sehr gering und (27) kann überhaupt keinen diskreten Eigenwert besitzen. Diesen Fall behandeln wir hier nicht, da er in das Gebiet der Methoden zur Behandlung der schwachen Bindung fällt. Eine ins einzelne gehende Untersuchung des Verhaltens der Elektronen in Ionenkristallen mit den Methoden sowohl der starken als auch der schwachen Bindung wird gesondert durchgeführt werden.

Übersetzt von H. Vogel

LITERATUR

[1] S. I. PEKAR, Žurn. èksper. teor. Fiz. **19**, 796 (1949).
[2] A. I. ACHIEZER u. J. JA. POMERANČUK, Žurn. èksper. teor. Fiz. **16**, 391 (1946).
[3] S. V. TJABLIKOV, Žurn. èksper. teor. Fiz. **18**, 1023 (1948); Dopovidi Akad. Nauk Ukrajnskoj RSR Nr. 6, 3 (1949).
[4] G. WENTZEL, Einführung in die Quantentheorie der Wellenfelder, Verlag F. Deuticke, Wien 1947.
[5] M. BORN u. R. OPPENHEIMER, Ann. d. Phys. **84**, 457 (1927).
[6] N. N. BOGOLJUBOV u. C. V. TJABLIKOV, Vestnik MGU Nr. 3, 35 (1949).
[7] N. N. BOGOLJUBOV, Lekcij Kvantovoj statistiki, Kiew 1949.
[8] N. N. BOGOLJUBOV u. S. V. TJABLIKOV, Žurn. èksper. teor. Fiz. **19**, 256 (1949).
[9] S. I. PEKAR, Žurn. èksper. teor. Fiz. **16**, 341, 335 (1946).
[10] L. D. LANDAU, Sovj. Phys. **3**, 664 (1933).
[11] JA. I. FRENKEL, Sovj. Phys. **9**, 158 (1936).
[12] L. D. LANDAU u. S. I. PEKAR, Žurn. èksper. teor. Fiz. **18**, 419 (1948).
[13] H. FRÖHLICH, H. PELZER u. S. ZIENAU, Phil. Mag. **41**, 221 (1950).

Fragen der Translationsinvarianz in der Theorie der adiabatischen Näherung[1])

Von S. V. Tjablikov

In dieser Arbeit wird das Verhalten der Eigenfunktionen und Eigenwerte für ein Teilchen untersucht, welches mit einem System von Oszillatoren wechselwirkt und sich in einem lokalen äußeren Feld befindet, wenn die Intensität des äußeren Feldes bis Null abnimmt.

1. Das Ziel des vorliegenden Artikels ist der Untersuchung von Fragen der Translationsinvarianz für eine Art von Problemen, wie sie in der Quantenmechanik vorkommen, nämlich Probleme der Wechselwirkung eines Teilchens mit einem gequantelten Feld im Fall der adiabatischen Näherung.

Die grundlegende Idee der adiabatischen Näherung besteht darin, daß man einen Teil der Koordinaten eines zusammengesetzten Systems als „langsam veränderlich" im Vergleich zu den übrigen betrachtet, was der Einführung eines kleinen Parameters für diese Koordinaten bei den Operatoren der kinetischen Energie entspricht. Dann kann man zeigen, daß die Eigenwerte des Energieoperators des Systems in nullter Näherung von diesen Koordinaten wie von Parametern abhängen und daß sie in den höheren Näherungen die Rolle der potentiellen Energie für die „langsam veränderlichen" Koordinaten spielen. Die Methode der adiabatischen Näherung, wie sie zuerst von M. Born und R. Oppenheimer für die Theorie der Moleküle [*1*] ausgearbeitet wurde, war nur dann brauchbar, wenn das Problem nicht entartet war und speziell keine Translationsentartung aufwies. Ihre direkte Anwendung wurde jedoch äußerst schwierig, wenn der Operator der nullten Näherung invariant gegenüber einer beliebigen Gruppe von Abbildungen war (Entartung).

Für Probleme mit Translationsentartung, die bei der Untersuchung der Wechselwirkung eines Teilchens mit einem gequantelten Feld auftreten, wurde die Theorie der adiabatischen Näherung von N. N. Bogoljubov und dem Autor [*2*, *3*] ausgearbeitet. Danach besteht die grundlegende Idee der Methode darin, daß man zunächst die Translationsinvarianz aufhebt, und dann die adiabatische Störungsrechnung verwendet. Bei Fragen dieser Art ist die Untersuchung des Grenzübergangs von der Theorie der adiabatischen Näherung bei nichtentarteten Problemen zu der bei Problemen mit Translationsentartung interessant. In diesem Artikel wollen wir das Verhalten der Eigenfunktionen und Eigenwerte für ein Teilchen untersuchen, das mit einem gequantelten Feld wechselwirkt und sich außerdem in einem gewissen lokalen äußeren Feld befindet, wenn die Intensität des äußeren Feldes bis auf Null verringert wird.

Weiter unten werden wir die Betrachtung auf den Fall eines skalaren Feldes beschränken. In Übereinstimmung damit wollen wir den Hamilton-Operator in der Form

$$H = \frac{p^2}{2m} + \tau U(r) + \sum_{(f)} A_f e^{i(f,r)} q_f + \frac{1}{2} \sum_{(f)} E(f)\,(q_{-f} q_f + \varepsilon^4 p_{-f} p_f), \qquad (1)$$

[1]) Ukrainskij matematičeskij Žurnal **5**, 152 (1953).

annehmen. Dabei sind r und p kanonisch konjugierte Koordinate und Impuls des Teilchens, q_f und p_f entsprechen den Koordinaten und Impulsen des f-ten Oszillators des Feldes, $\tau U(r)$ ist die potentielle Energie des Teilchens im äußeren Feld ($U(r) \to 0$ für $r \to \infty$), τ und ε sind dimensionslose Konstanten ($\varepsilon \ll 1$) und f ist der Wellenzahlvektor der Elementaranregung.

2. Wir zeigen zunächst, daß für $\tau = 0$ die Frequenzen von drei Oszillatoren Null werden und dementsprechend das System dann drei Translationsfreiheitsgrade aufweist.

Nimmt man an, daß $\tau = 0$ ist, so gibt es bei dem betrachteten Problem offenbar keine Translationsentartung. Um den Operator (1) in eine Form zu bringen, auf die die Störungstheorie anwendbar ist, muß man daher eine einfache Transformation der Koordinaten der Feldoszillatoren durchführen

$$\left.\begin{aligned} q_f &= r_f + \varepsilon Q_f, \\ p_f &= \frac{1}{\varepsilon} P_f, \end{aligned}\right\} \tag{2}$$

wobei Q_f und P_f die neuen kanonisch konjugierten Koordinaten und Impulsoperatoren der Oszillatoren sind und die r_f c-Zahlen. Der Hamilton-Operator H transformiert sich dann in die Form

$$H = H_0 + \varepsilon H_1 + \varepsilon^2 H_2, \tag{3}$$

wobei

$$\left.\begin{aligned} H_0 &= \frac{p^2}{2m} + \tau U(r) + \sum A_f r_f e^{i(f,r)} + \frac{1}{2} \sum E(f) |r_f|^2, \\ H_1 &= \sum (A_f e^{i(f,r)} + E(f)\, r_{-f})\, Q_f, \\ H_2 &= \frac{1}{2} \sum E(f)\, (Q_{-f} Q_f + P_{-f} P_f) \end{aligned}\right\} \tag{4}$$

gilt.

Zur Bestimmung der Eigenfunktionen und Eigenwerte muß man ferner die Operatorform der Störungstheorie [4] anwenden.

Wir bezeichnen mit $\varphi_n(r)$ und ε_n die Eigenfunktionen und Eigenwerte der Gleichung

$$(\varepsilon_n - H_0)\, \varphi_n(r) = 0, \tag{5}$$

wobei H_0 durch Gleichung (4) definiert ist. Da der Operator H_0 nicht auf die Variablen Q_f wirkt, hat die Eigenfunktion C_0 der nullten Näherung offensichtlich die Form

$$C_0(r; \ldots, Q_f, \ldots) = \varphi_0(r)\, \theta(Q_f), \tag{6}$$

wobei $\theta(Q_f)$ eine gewisse, vorläufig noch unbekannte Funktion der Oszillatorkoordinaten ist. Wir bezeichnen mit P den Operator, der eine beliebige Wellenfunktion C auf den linearen Unterraum der Funktion C_0 der nullten Näherung projiziert:

$$PC = \varphi_0(\overset{*}{\varphi}_0, C) = \varphi_0(r)\, \theta(Q_f) = C_0, \qquad P^2 = P, \tag{7}$$

(die runden Klammern bezeichnen das Skalarprodukt der Funktionen).

Weiter kann man zeigen, daß die Eigenwerte E des Operators (3) sich aus den Gleichungen der ersten, zweiten usw. Näherung für die Funktionen C_0 bestimmen lassen

$$\left.\begin{aligned}(E-\varepsilon_0)\,C_0 &= \varepsilon P H_1 P C_0\\ (E-\varepsilon_0)\,C_0 &= P\{\varepsilon H_1+\varepsilon^2 H_2-\varepsilon^2 (H_1-PH_1P)(H_0-\varepsilon_0)^{-1}(H_1-PH_1P)\}PC_0,\ldots\end{aligned}\right\} \quad (8)$$

und die Eigenfunktion C erhält dementsprechend die Form

$$C = (1+\varepsilon (H_0-\varepsilon_0)^{-1}(PH_1P-H_1)+\varepsilon^2\ldots)\,C_0. \quad (9)$$

Unten werden wir in dem Ausdruck für die Energie Glieder bis einschließlich ε^2 beibehalten und für die Wellenfunktion Glieder bis einschließlich ε.

Wenn wir (4) benutzen, erhalten wir aus Gleichung (8) in erster Näherung

$$(E-\varepsilon_0)\,C_0 = \sum (A_f I_f^{(0,0)} + E(f)\,r_{-f})\,Q_f C_0; \qquad I_f^{(0,0)} = \int e^{i(f,r)}|\varphi_0(r)|^2\,dr. \quad (9\text{a})$$

Da die Energie E des Systems nicht von den Koordinaten abhängen kann, so müssen folglich die Koeffizienten bei Q_f verschwinden, was die bisher unbekannt gebliebenen c-Zahlen r_f zu bestimmen gestattet:

$$r_{-f} = -\frac{A_f}{E(f)}\,I_f^{(0,0)}. \quad (10)$$

Setzen wir danach r_f in (5) und (8) ein, so erhalten wir eine explizite Form der Gleichungen zur Bestimmung der Funktionen $\varphi_n(r)$ und $\theta(Q_f)$:

$$\left\{-\frac{\hbar^2}{2m}\Delta_r + \tau U(r) - \sum_{(f)}\frac{|A_f|^2}{E(f)}\,I_{-f}^{(0,0)}\,e^{i(f,r)} - W_n\right\}\varphi_n(r) = 0, \quad (11)$$

$$(E-\varepsilon_0)\,C_0 = \varepsilon^2\left\{\frac{1}{2}\sum_{(f)} E(f)\,(Q_{-f}Q_f + P_{-f}P_f) - \sum_{(g,f)} B_{g,f}\,Q_g Q_f\right\}C_0, \quad (12)$$

wobei

$$B_{g,f} = A_g A_f \sum_{(n\neq 0)} \frac{I_g^{(0,n)}\,I_f^{(n,0)}}{\varepsilon_n-\varepsilon_0}$$

$$I_f^{(0,n)} = \int e^{i(f,r)}\,\varphi_0^*(r)\,\varphi_n(r)\,dr; \qquad W_0 = \varepsilon_0 - \frac{1}{2}\sum\frac{|A_f|^2}{E(f)}\,|I_f^{(0,0)}|^2. \quad (13)$$

gilt.

Führt man in Gleichung (12) die Variablentransformation

$$P_f = E^{-1/2}(f)\,\overline{P}_f, \qquad Q_f = E^{1/2}(f)\,\overline{Q}_f$$

durch, wobei $\overline{P}_f$ und $\overline{Q}_f$ die neuen kanonisch konjugierten Impuls- und Koordinatenoperatoren sind, so wird offenbar die Bestimmung der Eigenwerte der

Gleichung (12) auf eine Hauptachsentransformation der quadratischen Form

$$\frac{1}{2}\sum_{(f)} E^2(f)\,\bar{Q}_{-f}\bar{Q}_f - \sum_{(g,f)} B_{g,f}E^{1/2}(g)\,E^{1/2}(f)\,\bar{Q}_g\bar{Q}f.$$

zurückgeführt.

Letztere kann man aber leicht mit Hilfe der orthogonalen Koordinaten-Transformation

$$\bar{Q}_f = \sum_{(\nu)} \alpha_{f\nu}\, q_\nu; \qquad \bar{P}_f = \sum_{(\nu)} \overset{+}{a}_{f\nu} p_\nu$$

durchführen, wobei die $a_{f\nu}$ Eigenvektoren des Systems

$$E^2(f)a_{f\nu} - \overset{*}{A}_f E^{1/2}(f)\sum_{(g,n)} A_g E^{1/2}(g)\,\frac{I_{-q}^{(0,n)}I_g^{(n,0)} + I_g^{(0,n)}I_{-f}^{(n,0)}}{\varepsilon_n - \varepsilon_0}\,a_{g\nu} = \lambda_\nu^2 a_{f\nu} \tag{14}$$

sind und den üblichen Orthogonalitäts- und Normierungsbedingungen genügen:

$$\sum_{(\nu)} a_{f\nu}\overset{+}{a}_{\nu,g} = \delta_{f,g}; \quad \sum_{(f)} \overset{+}{a}_{\mu f}a_{f\nu} = \delta_{\mu,\nu}.$$

Gleichung (12) schreibt sich dann in der Form

$$(E - \varepsilon_0)\,C_0 = \frac{\varepsilon^2}{2}\sum_{(\nu)} (p_\nu^2 + \lambda_\nu^2 q_\nu^2)\,C_0. \tag{15}$$

Dementsprechend erhalten die Eigenwerte der Energie mit einer Genauigkeit bis zur Größenordnung ε^2 die Form

$$E = W_0 + \frac{1}{2}\sum_{(f)}\frac{|A_f|^2}{E(f)}\,|I_f^{(0,0)}|^2 + \frac{\varepsilon^2}{2}\sum_{(\nu)}\lambda_\nu\left(n_\nu + \frac{1}{2}\right); \quad (n_\nu = 0, 1, 2, \ldots), \tag{16}$$

wobei W_0 und λ_ν Eigenwerte der Gleichungen (11) und (14) sind.

Wir zeigen jetzt, daß für $\tau = 0$ die Frequenzen der drei Oszillatoren λ_ν ($\nu = 1, 2, 3$) verschwinden. Dazu stellen wir fest, daß wenn $\varphi_0(r)$ eine Lösung der Gleichung (11) für $\tau = 0$ ist, auch $\varphi_0(r + a)$ (a ist ein beliebiger Vektor) eine Lösung dieser Gleichung ist, die zu demselben Eigenwert gehört wie $\varphi_0(r)$. Differenziert man dann die Gleichung für die Funktion $\varphi_0(r + a)$ nach a^α ($\alpha = 1, 2, 3$), wo erhält man

$$\frac{\partial\varphi_0}{\partial a^\alpha} = \sum_{(f,n)}\frac{|A_f|^2}{E(f)}\,\frac{\varphi_n(r)I_f^{(n,0)}}{W_n - W_0}\int e^{-i(f,r')}\left(\frac{\partial\overset{*}{\varphi}_0}{\partial a^\alpha}\varphi_0 + \overset{*}{\varphi}_0\frac{\partial\varphi_0}{\partial a^\alpha}\right)dr'.$$

Führt man ferner die Bezeichnung

$$R_{f\alpha} = \int e^{-i(f,r)}\left(\frac{\partial\overset{*}{\varphi}_0}{\partial a^\alpha}\varphi_0 + \overset{*}{\varphi}_0\frac{\partial\varphi_0}{\partial a^\alpha}\right)dr \qquad (\alpha = 1, 2, 3)$$

ein, so sieht man leicht, daß aus dem Ausdruck für $\partial\varphi_0/\partial a^\alpha$ die Identität

$$R_{f,\alpha} = \sum_{(g,n)}\frac{|A_g|^2}{E(g)}\,\frac{I_{-f}^{(0,n)}I_g^{(n,0)} + I_g^{(0,n)}I_{-f}^{(n,0)}}{W_n - W_0}\,R_{g\alpha}$$

folgt, mit der die Gleichung (14) drei Lösungen $a_{f\alpha} = \overset{*}{A}_f R_{f\alpha} / E^{3/2}(f)$ $(\alpha = 1, 2, 3)$ hat, die zu dem Eigenwert $\lambda_\alpha = 0$ gehören.

Zur Untersuchung des Verhaltens dieser Wurzeln für $\tau = 0$ kann man genauso vorgehen wie in der Störungstheorie für entartete Niveaus, nämlich die entsprechenden Größen in (14) nach Potenzen von τ entwickeln und eine Lösung der drei Gleichungen für $\nu = 1, 2, 3$ in Form einer Linearkombination der Lösung $a_{f\alpha}^0 = \frac{\overset{*}{A}_f R_{f\alpha}}{E^{3/2}(f)}$ suchen. Dabei werden die Eigenwerte λ_α aus der zugehörigen Gleichung dritten Grades bestimmt. Jedoch führen wir hier wegen einer gewissen Umständlichkeit dieses Verfahrens die Untersuchung auf eine andere Weise durch und bemerken nur, daß für kleine τ die Frequenzen λ_α $(\alpha = 1, 2, 3)$ von der Ordnung $\tau^{1/2}$ sind.

3. Wir haben gesehen, daß für $\tau = 0$ die Frequenzen von drei Feldoszillatoren verschwinden, wenn man gemäß der Methode der adiabatischen Näherung die Feldvariablen durch die Formeln (2) transformiert. Das entspricht offensichtlich dem Auftreten von drei Translationsfreiheitsgraden. Daher muß man zur Untersuchung des Grenzüberganges für $\tau \to 0$ dieselben Variablentransformationen verwenden, die für $\tau = 0$ die Translationsinvarianz des Problems zu berücksichtigen gestatten würden.

Dazu ist es erforderlich, die Variablentransformation anzuwenden, die schon bei der Untersuchung der adiabatischen Näherung für ein Teilchen, das mit einem gequantelten Feld wechselwirkt, benutzt wurde [*2*, *3*]

$$\begin{aligned} r &= q + \lambda, \\ q_f &= (r_f + \varepsilon Q_f)\, e^{-i(f, q)}. \end{aligned} \tag{17}$$

Dabei sind q, λ, Q_f die neuen Variablen. Da die Zahl der neuen Variablen um drei größer ist als die der alten, muß man den Variablen Q_f noch drei zusätzliche Bedingungen auferlegen:

$$\sum_{(f)} f^\alpha \overset{*}{S}_f Q_f = 0 \qquad (\alpha = 1, 2, 3). \tag{18}$$

Wir lassen die einzelnen Berechnungen aus, die genauso verlaufen wie die entsprechenden Rechnungen in Arbeit [*3*], und schreiben gleich den Ausdruck für den Hamilton-Operator H des Systems in den neuen Variablen bis zu einer Genauigkeit der Größenordnung ε^2 einschließlich auf:

$$\begin{aligned} H = &-\frac{\hbar^2}{2m} \Delta_\lambda + \tau U(\lambda + \varepsilon Q) + \sum A_f r_f e^{i(f, \lambda)} + \frac{1}{2} \sum E(f) \,|\, r_f \,|^2 + \\ &+ \varepsilon \sum (A_f e^{i(f, \lambda)} + E(f)\, r_{-f})\, Q_f + \varepsilon^2 \frac{I^2}{2\mu} + \\ &+ \frac{\varepsilon^2}{2} \sum E(f)\, (Q_{-f} Q_f + P'_{-f} P'_f) + \varepsilon^3 \ldots, \end{aligned} \tag{19}$$

wobei

$$\mu = \frac{\hbar^2}{3} \sum f^2 \frac{|r_f|^2}{E(f)}, \quad Q^\alpha = \frac{1}{\varepsilon} q^\alpha, \quad I^\alpha = -i\hbar \frac{\partial}{\partial Q^\alpha} \quad (\alpha = 1, 2, 3), \tag{20}$$

$$P'_f = P_f - \overset{*}{S}_f \sum (f, g)\, U_g P_g$$

ist.

Zur Vereinfachung entwickeln wir ferner $U(\lambda + \varepsilon Q)$ in eine Reihe nach Potenzen von ε und können schreiben

$$\left.\begin{aligned} H &= H_0 + \varepsilon H_1 + \varepsilon^2 H_2 + \ldots, \\ H_0 &= -\frac{\hbar^2}{2m} \Delta_\lambda + \tau U(\lambda) + \sum A_f r_f e^{i(f,\lambda)} + \frac{1}{2} \sum E(f) |r_f|^2, \\ H_1 &= \sum (A_f e^{i(f,\lambda)} + E(f)\, r_{-f})\, Q_f + \tau \sum_{(\alpha)} Q^\alpha \frac{\partial U(\lambda)}{\partial \lambda^\alpha}, \\ H_2 &= \frac{I^2}{2\alpha} + \frac{\tau}{2} \sum Q^\alpha Q^\beta \frac{\partial^2 U(\lambda)}{\partial \lambda^\alpha \partial \lambda^\beta} + \frac{1}{2} \sum E(f)\, (Q_{-f} Q_f + P'_{-f} P'_f). \end{aligned}\right\} \tag{21}$$

Zur Bestimmung der Eigenwerte und Eigenfunktionen des Operators H verwenden wir dieselbe Methode der Störungstheorie wie oben.

Da der Operator H_0 nur auf die Variable λ wirkt, schreiben wir die Eigenfunktion der nullten Näherung C_0 in der Form

$$C_0 = \varphi_0(\lambda)\, C'(Q; \ldots, Q_f, \ldots),$$

wobei $\varphi_0(\lambda)$ eine Eigenfunktion der Gleichung (11) ist. Beschränken wir weiter unsere Betrachtung auf den Grundzustand des Teilchens (d. h. den Grundzustand der Gleichung (11)), so kann man annehmen, daß $\varphi_0(\lambda)$ nur von $|\lambda|$ abhängt. Für diesen Fall ist $\left(\overset{*}{\varphi}_0, \frac{\partial U}{\partial \lambda^\alpha} \varphi_0\right) = 0$, und deshalb bestimmen sich die c-Zahlen r_f wie früher durch die Gleichungen (10), und die Gleichung der zweiten Näherung für die Funktion C_0 erhält die Form

$$(E - \varepsilon_0)\, C_0 = \varepsilon^2 \left\{ \frac{I^2}{2\mu} + \frac{\tau}{2} \sum_{(\alpha)} Q^\alpha Q^\alpha\, \overline{U}'' + \right.$$

$$\left. + \frac{1}{2} \sum_{(f)} E(f)\, (Q_{-f} Q_f + P'_{-f} P'_f) - \sum_{(g,f)} B_{g,f} Q_g Q_f \right\} C_0, \tag{22}$$

wobei

$$\overline{U}'' = \left(\overset{*}{\varphi}_0, \frac{\partial^2 U}{\partial \lambda^{\alpha 2}} \varphi_0\right); \; \mu = \frac{\hbar^2}{3} \sum f^2 \frac{|A_f|^2}{E^3(f)} |I_f^{(0,0)}|^2 \tag{23}$$

gilt und die Größen $B_{g,f}$ sich aus den Formeln (13) bestimmen. Da die Variablen Q_α und Q_f in Gleichung (22) separiert wurden, hat C_0 offensichtlich die Form

$$C_0(\lambda; Q; \ldots, Q_f, \ldots) = \varphi_0(\lambda)\ \psi_m(Q)\,\theta(\ldots, Q_f, \ldots), \tag{24}$$

wobei ψ_m und θ Eigenfunktionen der Gleichungen

$$\left(\frac{I^2}{2\mu} + \frac{\tau \bar{U}''}{2} Q^2 - w_m\right)\psi_m(Q) = 0, \tag{25}$$

$$\left\{\frac{1}{2}\sum_{(f)} E(f)\,(Q_{-f}Q_f + P'_{-f}P'_f) - \sum_{(f,g)} B_{g,f}Q_gQ_f - E_F\right\}\theta(Q_f) = 0 \tag{26}$$

sind und φ_0 Eigenfunktion der Gleichung (11).

Demgemäß drückt sich die Gesamtenergie des Systems in folgender Weise aus:

$$E = W_0 + \frac{1}{2}\sum_{(f)} \frac{|A_f|^2}{E(f)} |I_f^{(0,0)}|^2 + \varepsilon^2 w_m + \varepsilon^2 E_F. \tag{27}$$

In unserer Näherung ist Gleichung (25) die Gleichung eines harmonischen Oszillators und ihre Eigenwerte und Eigenfunktionen erhalten die Form

$$w_m = \hbar\bar{\omega}\sum_{(\alpha)}\left(m_\alpha + \frac{1}{2}\right); \quad \bar{\omega} = \sqrt{\frac{\tau \bar{U}''}{\mu}} \quad (\alpha = 1, 2, 3) \quad (m_\alpha = 0, 1, 2, \ldots),$$

$$\psi_m(Q) = e^{-\frac{Q^2}{2x_0^2}} \prod_{(\alpha)} H_{m_\alpha}\left(\frac{Q^\alpha}{x_0}\right), \quad x_0 = \sqrt{\frac{\hbar}{\mu\bar{\omega}}}, \tag{28}$$

wobei $H_m(\xi)$ die normierten hermiteschen Polynome sind.

Für $\tau \to 0$ streben die Frequenzen der drei Oszillatoren Q^α gegen Null wie $\tau^{1/2}$ $\left(\bar{\omega} = \sqrt{\frac{\tau\bar{U}''}{\mu}}\right)$, wie es schon oben erwähnt wurde, während die Frequenzen der übrigen Oszillatoren sich nur verhältnismäßig wenig ändern. Dabei gehen die Oszillator-Wellenfunktionen der Variablen Q^α in die Eigenfunktionen des freien Teilchens über: $\psi_m(Q) \to e^{i(k,Q)}$, wobei k ein beliebiger konstanter Vektor ist. Die physikalische Bedeutung von k besteht darin, daß er sich als dem Gesamtimpuls P des betrachteten Systems $\left(P = \frac{\hbar k}{\varepsilon}\right)$ proportionale Größe darstellen läßt [*2, 3*], die sich, wie es auch sein muß, nur bei Abwesenheit eines äußeren Feldes als Bewegungsintegral erweist. Die Veränderungen der anderen Größen $(W_n, E_f, \varphi_n(\lambda), \theta(\ldots, Q_f, \ldots))$ sind verhältnismäßig klein und nur von geringem Interesse; für $\tau = 0$ nehmen sie ihre Grenzwerte an.

Da wegen der zusätzlichen Bedingung (18) die Anzahl der Oszillatoren Q_f um drei kleiner ist als die der q_f, muß man bemerken, daß die drei Oszillator-Freiheitsgrade Q^α als Aussonderung von drei Oszillatoren aus einer allgemeinen Gesamtheit von Oszillatoren aufgefaßt werden können, die von den übrigen verschiedene Eigenschaften zeigen. Diese höchst eigentümlichen Freiheitsgrade kann man als von dem Feld dem Teilchen „übergeben“ betrachten, insofern ihr Verhalten im wesentlichen durch die Variablen λ^α und Q^α bestimmt wird. Das Teilchen erhält dadurch gewissermaßen innere Freiheitsgrade. Bei Verringerung der Intensität des äußeren Feldes auf Null ($\tau \to 0$) gehen diese Schwingungs-Freiheitsgrade in Translationsfreiheitsgrade über. Die Bewegung des Teilchens kann dadurch als eine mit dem Impuls $P = \frac{\hbar k}{\varepsilon}$ fortschreitende Bewegung des Schwerpunktes aufgefaßt werden, die von einer fluktuierenden Schwingung überlagert wird. Diese wird durch die Wechselwirkung des Teilchens mit dem Feld hervorgerufen und durch die Variable λ beschrieben.

Zum Schluß drückt der Autor N. N. BOGOLJUBOV seinen Dank für die Beurteilung der Arbeit und eine Reihe wertvoller Bemerkungen aus.

LITERATUR

Eingegangen am 19. Januar 1953

[1] M. BORN u. R. OPPENHEIMER, Ann. Phys. 84, 457 (1927).
[2] N. N. BOGOLJUBOV, Ukr. mat. Žurn. 2, 3 (1950); deutsch in diesem Band S. 1.
[3] S. V. TJABLIKOV, Žurn. èksper. teor. Fiz. 21, 377 (1951); deutsch in diesem Band S. 23.
[4] N. N. BOGOLJUBOV u. S. V. TJABLIKOV, Vestnik MGU No. 3, 35 (1949); N. N. BOGOLJUBOV, Lekcij z Kvantovoj statistiki „Radjanska Skola“, Kiew 1949.

Zur Theorie der Polaronen[1])

Von S. V. Tjablikov

Es wird die Äquivalenz der Gleichungen gezeigt, die das Verhalten von Elektronen im Kristallgitter bei Berücksichtigung der von ihnen hervorgerufenen Polarisation bei starker bzw. schwacher Kopplung beschreiben und die Bedingungen für die Anwendbarkeit entsprechender Näherungsmethoden untersucht. Für den Fall der schwachen Kopplung werden Werte für einige Größen angegeben, welche die Eigenschaften von Elektronen in Ionenkristallen charakterisieren.

1. In der letzten Zeit waren die Ionenkristalle, welche, wie bekannt, Halbleiter oder Dielektrika (Isolatoren) [*1*], sind, Gegenstand einer Reihe von theoretischen Untersuchungen. Dabei kann man die Arbeiten, die die Eigenschaften von Ionenkristallen behandeln, bezüglich der in ihnen verwendeten Methoden in zwei Gruppen einteilen: Arbeiten, welche die Methoden der adiabatischen Näherung zugrunde legen (die Untersuchungen Pekars und seiner Schüler [*2—4*] und einige andere Arbeiten [*5, 6*]) und Arbeiten, die von den Anwendungsmöglichkeiten der üblichen Störungstheorie für schwache Kopplung ausgehen [*7—10*]. Dabei entsteht die Frage, in welchen Fällen die eine bzw. die andere Methode verwendbar ist.

In der vorliegenden Arbeit wollen wir die Äquivalenz der Hamilton-Operatoren für ein Elektron im Kristall unter Berücksichtigung der von ihm hervorgerufenen Polarisation zeigen für den Fall der adiabatischen und den der schwachen Kopplung und Kriterien für die Anwendbarkeit der entsprechenden Methoden aufstellen und schließlich einige Resultate für den Fall der schwachen Kopplung gewinnen. Der Kürze halber wollen wir im Folgenden von „Polaronen" sprechen und darunter Elektronen in Kristallen verstehen, welche von der durch sie selbst hervorgerufenen Polarisation begleitet werden. Außerdem beschränken wir uns in dieser Arbeit auf die Betrachtung eines einzelnen Elektrons im Kristallgitter in der Näherung der effektiven Masse.

2. Grundlegend für die Beschreibung der Eigenschaften von Elektronen in Ionenkristallen ist die Wechselwirkung des Elektrons mit der von ihm selbst hervorgerufenen Polarisation des umgebenden Mediums; von einigen unwesentlichen Unterschieden in der Form des Hamilton-Operators abgesehen, liegt uns das allgemeinere Problem der Wechselwirkung eines Elektrons mit einem Quantenfeld vor, in unserem Falle ist dies das Feld der Polarisationswellen (die Wechselwirkung der Elektronen mit den Gitterschwingungen oder der trägheitslosen Polarisation spielt eine bedeutende Rolle in homöopolaren Kristallen).

---

1) Žurn. èksper. teor. Fiz. **22**, 513 (1952).

Mit Pekar [3] schreiben wir den Hamilton-Operator des Systems „Elektron im Ionenkristall mit Polarisation“ in der Form

$$H = \frac{p^2}{2m_e} - e \sum_{(\alpha)} \int \frac{P^\alpha(\boldsymbol{q}')(q^\alpha - q'^\alpha)}{|\boldsymbol{q} - \boldsymbol{q}'|^3} d\boldsymbol{q}' + H_F, \tag{1}$$

wobei m_e die effektive Masse des Elektrons ist, die das periodische Potential des Gitters berücksichtigt; $P(\boldsymbol{q})$ die Polarisation des Kristalls im Punkte $\boldsymbol{q}$ und H_F die Energie des Kristalls;

$$P^\alpha(\boldsymbol{q}) = \sum_{(k)} P_k^\alpha \chi_k(\boldsymbol{q}); \quad \chi_k(\boldsymbol{q}) = \begin{cases} \sqrt{\frac{2}{V}} \cos(\boldsymbol{k}, \boldsymbol{q}), \; k_x < 0, \\ \sqrt{\frac{2}{V}} \sin(\boldsymbol{k}, \boldsymbol{q}), \; k_x > 0; \end{cases}$$

$$H_F = \sum \frac{2\pi}{\beta_k} \left(P_k^2 + \frac{\dot{P}_k^2}{\omega_k^2} \right); \tag{2}$$

$$\beta_k = \frac{1}{\varkappa_0} - \frac{1}{\varkappa}; \quad \alpha = (1, 2, 3).$$

Hier ist V das Volumen des Grundgebietes, χ_k sind die Normalkoordinaten, $\varkappa_0^{1/2}$ der Brechungsindex, $\varkappa$ die Dielektrizitätskonstante, ω_k die Frequenz der Gitterschwingung mit dem Ausbreitungsvektor $\boldsymbol{k}$. Gehen wir in (2) zu dimensionslosen kanonischen Variablen über

$$P_k^\alpha = \sqrt{\frac{\beta_k \hbar \omega_k}{4\pi}} Q_k^\alpha; \qquad \dot{P}_k^\alpha = \omega_k \sqrt{\frac{\beta_k \hbar \omega_k}{4\pi}} I_k^\alpha.$$

so erhalten wir

$$H_F = {}^1/_2 \sum \hbar \omega_k (Q_k^2 + I_k^2);$$

$$P^\alpha(\boldsymbol{q}) = \frac{1}{2} \sum_{(k_x < 0)} \sqrt{\frac{\beta_k \hbar \omega_k}{2\pi V}} \left(Q_k^\alpha + i Q_{-k}^\alpha\right) e^{i(\boldsymbol{k}\boldsymbol{q})} + \\ + \frac{1}{2} \sum_{(k_x > 0)} \sqrt{\frac{\beta_k \hbar \omega_k}{2\pi V}} \left(Q_k^\alpha - i Q_{-k}^\alpha\right) e^{i(\boldsymbol{k}\boldsymbol{q})}.$$

Wir führen eine weitere Koordinatentransformation durch

$$Q_k^\alpha + i Q_{-k}^\alpha = i \sqrt{2} \frac{k^\alpha}{|\boldsymbol{k}|} q_k \qquad (k_x < 0);$$

$$Q_k^\alpha - i Q_{-k}^\alpha = - i \sqrt{2} \frac{k^\alpha}{|\boldsymbol{k}|} q_{-k} \quad (k_x > 0);$$

$$q_k^* = q_{-k},$$

und können auch schreiben

$$P^{\alpha}(\boldsymbol{q}) = \sum \sqrt{\frac{\beta_k \hbar \omega_k}{4\pi V}} \frac{i k^{\alpha}}{|\boldsymbol{k}|} e^{i(\boldsymbol{k}\boldsymbol{q})} q_k. \tag{3}$$

Wir formen nun das Wechselwirkungsglied in (1) um. Wir beachten die Identität

$$4\pi P^{\alpha}(\boldsymbol{q}) = -\Delta R^{\alpha}(\boldsymbol{q}); \qquad R^{\alpha}(\boldsymbol{q}) = \int \frac{P^{\alpha}(\boldsymbol{q}')}{|\boldsymbol{q} - \boldsymbol{q}'|} dq', \tag{3a}$$

und erhalten mit (3)

$$R^{\alpha}(\boldsymbol{q}) = \sum \sqrt{\frac{4\pi \beta_k \hbar \omega_k}{V}} \frac{i k^{\alpha}}{|\boldsymbol{k}|^3} e^{i(\boldsymbol{k}\boldsymbol{q})} q_k. \tag{3b}$$

Das Wechselwirkungsglied in (1) kann durch einen Vektor $\boldsymbol{R}$ ausgedrückt werden

$$H_i = e \operatorname{div}_{\boldsymbol{q}} \boldsymbol{R}(\boldsymbol{q}) = -e \sum \sqrt{\frac{4\pi \beta_k \hbar \omega_k}{V}} \frac{q_k}{|\boldsymbol{k}|} e^{i(\boldsymbol{k}\boldsymbol{q})}. \tag{4}$$

Damit gewinnt der Hamilton-Operator des Systems folgende Form:

$$H = (p^2/2m_e) + {}^1/_2 \sum \hbar \omega_k (q_{-k} q_k + p_{-k} p_k) + H_i, \tag{5}$$

wobei H_i durch den Ausdruck (4) gegeben ist. In gewissen Fällen ist es zweckmäßig, den Hamiltonoperator in Erzeugungs- und Vernichtungsoperatoren der Elementaranregungen zu schreiben. Führen wir die Operatoren

$$\xi_k = 2^{-1/2}(q_k + i p_{-k}), \quad \xi_k^+ = 2^{-1/2}(q_{-k} - i p_k) \tag{5a}$$

ein, welche den bekannten Bose-Vertauschungsrelationen genügen, so können wir H in der Form

$$H = \frac{p^2}{2m_e} + \sum \hbar \omega_k \left(\xi_k^+ \xi_k + \frac{1}{2}\right) - e \sum \sqrt{\frac{2\pi \beta_k \hbar \omega_k}{V}} \frac{e^{i(\boldsymbol{k}\boldsymbol{q})}}{|\boldsymbol{k}|} (\xi_k + \xi_{-k}^+) \tag{6}$$

schreiben.

In dieser Form ist der Hamilton-Operator identisch mit den Hamilton-Operatoren, welche in den Arbeiten über schwache Koppelung (s. z. B. [7]) benutzt werden. Daher unterscheiden sich die o. g. beiden Gruppen von Arbeiten im wesentlichen durch die ihnen zugrundeliegenden Voraussetzungen über die „Kleinheit“ gewisser Glieder in H, auf Grund deren einmal der Operator der Wechselwirkungsenergie zwischen den Elektronen und den Phononen, zum anderen der Operator der kinetischen Energie der Phononen als Störung behandelt werden[1]).

[1]) Mit dieser Darstellung, wie vom Autor wiederholt in verschiedenen Seminaren und Diskussionen und insbesondere auf der siebenten Tagung über Halbleiter im Jahre 1950 hervorgehoben wurde, stimmt auch S. I. Pekar übereiu, wie man auch aus der Ergänzung zu seiner Monograpbie ersehen kann [*11*].

Wir beschränken uns weiterhin auf die Untersuchung des Falles, welcher auch für gewöhnlich nur betrachtet wird und nur die Wechselwirkung des Elektrons mit den optischen Gitterschwingungen berücksichtigt. Dann kann man voraussetzen, daß

$$\omega_k \approx \omega = \text{const}, \tag{6a}$$

wobei ω die Grenzfrequenz der optischen Gitterschwingungen ist, ferner wollen wir annehmen, daß β_k ebenfalls unabhängig von k ist:

$$\beta_k = (1/\varkappa_0) - (1/\varkappa) \approx \beta = \text{const}. \tag{6}$$

3. Die Behandlung des Operators (6) in seiner allgemeinen Form ist nicht möglich, und daher muß man immer zu der einen oder anderen Art von Störungsrechnung Zuflucht nehmen. Um aufzuklären, welche Glieder man als Störungen betrachten kann, gehen wir zu dimensionslosen Veränderlichen über. Als Einheiten für Energie bzw. Impuls wählen wir die Größen $E_0 = \hbar\omega$ und $p_0 = \hbar k_0 = \sqrt{2m_e\hbar\omega}$, dabei geht das Volumen V in $\Omega(\hbar/2m_e\omega)^{3/2}$ über, wobei Ω das dimensionslose Volumen ist. Drückt man nun in H alle Glieder in Einheiten E_0 aus, so sieht man leicht, daß die Operatoren der Eigenenergie des Teilchens und des Feldes von der Größenordnung eins sind, das Wechselwirkungsglied jedoch den dimensionslosen Parameter ε enthält:

$$\varepsilon = \sqrt{\beta e^2 k_0/\pi\hbar\omega}, \qquad k_0 = \sqrt{2m_e\omega/\hbar}. \tag{7}$$

In den Fällen, wo $\varepsilon \ll 1$, kann man die Wechselwirkung zwischen dem Teilchen und dem Feld als kleine Störung behandeln und die übliche Form der Störungstheorie benutzen. Falls $\varepsilon \gg 1$, muß man für die Einheiten der Energie und des Impulses $E_0' = \beta e^2 k_0'$ und $p_0' = \hbar k_0' = m_e\beta e^2/\hbar$ nehmen, dann geht H in eine Form über, auf welche sich die Theorie der adiabatischen Störungen [*12, 13*] anwenden läßt:

$$H = \beta e^2 k_0' \{H_p + \varepsilon' H_i + \varepsilon'^2 H_F\}, \tag{7a}$$

wobei

$$\varepsilon' = \sqrt{\hbar\omega/\beta e^2 k_0'}, \qquad k_0' = m_e\beta e^2/\hbar^2, \qquad \varepsilon'\varepsilon^2 = \sqrt{2}/\pi. \tag{8}$$

Die Anwendung der adiabatischen Näherung ist erlaubt unter der Bedingung, daß $\varepsilon' \ll 1$. In Tab. 1 sind Werte von ε für einige Substanzen angegeben.

Tabelle 1

Die Werte β nach [*14*], ω nach [*15, 16*], γ/m_e nach [*17*]; m ist die Masse des freien Elektrons

Kristall	β	$\omega \cdot 10^{-13}$ sec^{-1}	m_e/m	ε	μ/m_e	μ^a/m_e	m_e/m	ε	μ/m_e	μ^a/m_e
Cu_2O	0,10	4,70	1	1,16	1,55	0,42	1,3	1,24	1,67	0,73
KJ	0,17	1,85	1	1,91	25	22	2,17	2,32	—	106
KBr	0,22	2,13	1	2,10		48	1,97	2,49	—	187
KCl	0,26	2,67	1	2,14		55	1,95	2,52	—	209

4. Wir gehen nun zur Berechnung verschiedener Größen für das Polaron über, welche die Wechselwirkung mit dem Quantenfeld beschreiben. Dabei beschränken wir uns auf hinreichend niedrige Temperaturen und bringen die Veränderlichen auf möglichst einfache Formen [*18*]. Die Voraussetzung tiefer Temperatur bedeutet das Erfülltsein der Beziehung $\overline{n} \ll 1$. wobei $n \approx (e^{\hbar\omega/\vartheta} - 1)^{-1}$ die mittlere Besetzungszahl für die Elementaranregung in den neuen Veränderlichen ist. Da für reale Kristalle $\hbar\omega/k \approx 3 - 5 \cdot 10^2\, T^0$ K ist, ist die Voraussetzung der niedrigen Temperatur in weiten Bereichen erfüllt. Benutzen wir die Formel (8) aus der Arbeit [*18*], so erhalten wir für $\varphi = 0$ folgende Ausdrücke für die Eigenwerte des Operators (6):

$$\varepsilon_0(P) = -\frac{\pi\varepsilon^2}{2}\hbar\omega + \frac{P^2}{2m_e}\left(1 - \frac{\pi\varepsilon^2}{12}\right) + O(P^4),\ \varepsilon = \sqrt{\frac{\beta e^2 k_0}{\pi\hbar\omega}}, \tag{9}$$

wobei P der Gesamtimpuls des Systems ist, welcher mit dem mittleren Impuls des Elektrons bis auf Glieder der Ordnung ε einschließlich zusammenfällt. Daraus erhält man leicht den Ausdruck für die effektive Masse des Polarons:

$$\frac{\mu}{m_e} = \left(1 - \frac{\beta e^2 k_0}{12\hbar\omega}\right)^{-1}, \tag{10}$$

welche bis auf Glieder der Ordnung ε^2 einschließlich mit dem entsprechenden Ausdruck für μ in [*7*] übereinstimmt.

In Tab. 1 sind Werte für die effektiven Massen in einigen Kristallen angegeben, die für schwache Kopplung nach (9) berechnet wurden. Für den Vergleich mit den ebenfalls angegebenen Werten der effektiven Masse, welche sich nach der adiabatischen Näherung ergeben, wurde die Beziehung[1])

$$\mu^a/m_e = 27(\pi\varepsilon^2/12)^4 \tag{11}$$

benutzt.

Es ist interessant zu bemerken, daß für den intermediären Fall $\varepsilon, \varepsilon' \sim 1$ die nach beiden Methoden berechneten Werte für die effektive Masse einander ziemlich nahe kommen.

Beim Übergang zu dimensionslosen Koordinaten kann der dimensionslose Parameter, welcher den Charakter der Kopplung (starke oder schwache) beschreibt, nur bis auf einen Zahlenfaktor bestimmt werden, was die Unterscheidungsmöglichkeit zwischen den Fällen $\varepsilon \ll 1$ und $\varepsilon \gg 1$ wesentlich beschränkt. Daher muß man bei der Wahl der einen oder anderen Methode auch die Energiewerte für den Grundzustand vergleichen, welche sich nach beiden Methoden ergeben.

Als nullte Näherung nehmen wir die Energie des Systems bei fehlender Wechselwirkung zwischen Elektron und Kristall. Für die schwache Kopplung ergibt sich die Energie des Grundzustandes aus

$$\varepsilon_0 = -(\pi\varepsilon^2/2)\hbar\omega(1 - 0{,}022\varepsilon^2), \tag{11a}$$

---

[1]) Der Ausdruck (11) wurde zuerst von LANDAU und PEKAR auf Grund einer halbklassischen Überlegung erhalten [*19*], s. auch [*12, 13*].

und für die adiabatische Näherung aus

$$\varepsilon_0^a = -\,0{,}027\,\pi^2\,\varepsilon^4\,\hbar\,\omega\,. \tag{11b}$$

Aus den Werten ε_0 und ε_0^a, welche für einige Kristalle in Tab. 2 angegeben sind, sehen wir, daß man für Stoffe vom Typ Cu_2O schwache Koppelung annehmen muß, da man dabei den niedrigsten Energiewert für den Grundzustand erhält. Bei den übrigen Stoffen muß man die Theorie der adiabatischen Störung verwenden.

Tabelle 2

Kristall	m_e/m	$\varepsilon_e \cdot 10^{14}$ erg	$\varepsilon_0^a \cdot 10^{14}$ erg	m_e/m	$\varepsilon \cdot 10^{14}$ erg	$\varepsilon_0^a \cdot 10^{14}$ erg
Cu_2O	1	−10,3	− 2,39	1,3	−11,5	− 3,1
KJ	1	−10,2	− 6,91	2,17	−14,7	−15,0
KBr	1	−13,9	−11,6	1,97	−18,7	−22,8
KCl	1	−17,9	−15,5	1,95	−23,9	−30,3

Bei der Behandlung des Polarons nach der Theorie der adiabatischen Störung versteht man unter seinen effektiven Dimensionen die Dimensionen des Bereiches, den das Elektron auf Grund seiner fluktuatorischen Bewegung erfüllt [*13*]. Genau so kann man auch für den Fall der schwachen Kopplung für das Polaron eine charakteristische Größe angeben, welche man seinen effektiven Radius nennt. Die Wechselwirkung des Elektrons mit den Polarisationswellen führt zu einer Störung der Koordinaten des Elektrons und des Feldes, wie man leicht aus Formel (13) in [*18*] sieht und als Folge davon, zu einer zusätzlichen Unbestimmtheit der Elektronenkoordinaten. Definieren wir den effektiven Radius R_e des Polarons als das Mittel des Quadrates der Fluktuation der Koordinaten (s. (23) in [*18*]) so wird

$$R_e^2 = {}^2/_3\,\Delta Q^2 = \pi\varepsilon^2/12\,k_0^2\,. \tag{12}$$

Analog kann man für den Fall der adiabatischen Kopplung den effektiven Polaronenradius R_e^a definieren als das Mittel des Fluktuationsquadrates. Dabei ist leicht zu zeigen, daß $R_e^a \sim 4{,}7\,\hbar^2/\beta m_e e^2$. In Tab. 3 geben wir die Werte von R_e und R_e^a für einige Substanzen an (α ist der Exponent der Elektronenwellenfunktion [*11, 15*]).

Tabelle 3

Kristall	m_e/m	$R_e \cdot 10^8$ cm	$1/\alpha \cdot 10^8$ cm	$R_e^a \cdot 10^8$ cm	m_e/m	$R_e^a \cdot 10^8$ cm	$1/\alpha \cdot 10^8$ cm	$R_e^a \cdot 10^8$ cm
Cu_2O	1	6,6	7,9	24	1,3	6,2	6,1	18,5
KJ	1	17	4,7	14	2,17	14,2	2,1	6,5
KBr	1	18	3,6	11	1,97	14,9	1,8	5,5
KCl	1	16	3,1	9,4	1,95	13,6	1,6	4,8

Der effektive Radius des Polarons wächst mit der Wurzel der Kopplungsenergie von Null bis zu einem gewissen Maximalwert und fällt dann ungefähr wie $1/\beta$ ab.

Die angegebene Definition von R_e ist äußerst günstig, denn verschiedene Größen hängen gerade von dem so definierten Polaronenradius ab. Berechnen wir z. B. das Potential der Polarisation $\Phi(|\boldsymbol{q}|)$, welche das Elektron im Abstand $|\boldsymbol{q}|$ von sich hervorruft. Bekanntlich [*2*, *7*] ist diese Polarisation die Differenz zwischen der optischen (trägheitslosen) Polarisation, die von der Deformation der Ionenhüllen herrührt und der Infrarot-(trägen)-Polarisation, welche durch die Verschiebung der Gitterionen entsteht, und kann daher in der Form

$$\Phi(|\boldsymbol{q}|) = -\frac{\beta e}{|\boldsymbol{q}|}; \quad \beta = \frac{1}{\varkappa_0} - \frac{1}{\varkappa} \tag{12a}$$

geschrieben werden.

Diagonalisiert man den Hamilton-Operator bis auf Glieder zweiter Ordnung einschließlich, so zeigt sich, daß Φ von den Feldvariablen (s. (16) in [*18*]) abhängt. Da nur der Mittelwert von Φ für einen gegebenen Zustand des Feldes von Interesse ist, so erhält man durch Mittelung von Φ über die Wellenfunktion des Feldes die Formel (18) in [*18*]:

$$\Phi(r) = -\frac{\beta e}{r}\,\frac{2}{\sqrt{\pi}}\int\limits_0^{r/R_e} e^{-t^2}dt, \tag{13}$$

wobei R_e durch den Ausdruck (12) definiert ist. In größeren Abständen verhält sich Φ wie $-\beta e/r$, für $r \to 0$ ist Φ beschränkt, denn $\Phi(0) = -2\beta e/\sqrt{\pi}\,R_e$. Der Einfluß der Fluktuationen kann auch durch die effektive Masse μ des Teilchens beschrieben werden, wenn man das periodische Potential des Gitters über die Fluktuationen mittelt.

In der vorliegenden Arbeit zeigten wir, daß zwischen schwacher und adiabatischer Kopplung Analogien bestehen im Hinblick auf einige Eigenschaften der Polaronen. Wesentlich tiefer gehende Unterschiede zwischen den beiden Typen der Kopplung treten bei der Untersuchung der allgemeinen Struktur des Energiespektrums der Polaronen unter Berücksichtigung des periodischen Potentials zutage. Bei schwacher Kopplung führen die Polarisationseffekte zu einer relativ geringen Verschiebung der üblichen Zonen, während bei adiabatischer Kopplung sich das Bild wesentlich ändert. Das Spektrum behält nach wie vor Zonencharakter, jedoch unterliegen die Form der Zonen, ihre Lage usw. einer Veränderung. Ausführlicher wird dieser Sachverhalt in einer der folgenden Arbeiten behandelt werden.

Math. Institut der Akad.
d. Wiss. d. UdSSR

Bei der Redaktion eingeg. 25. 12. 51

LITERATUR

[1] F. F. Wolkenstein, Elektrische Leitfähigkeit von Halbleitern, Staatl. Techn. Verlag 1947.
[2] S. I. Pekar, Žurn. èksper. teor. Fiz. **16**, 335 (1946).
[3] S. I. Pekar, Žurn. èksper. teor. Fiz. **19**, 797 (1949).
[4] M. F. Deigen, S. I. Pekar, Žurn. èksper. teor. Fiz. **21**, 803 (1951).
[5] A. Morita, Progr. Theor. Phys. **5**, 329 (1950).
[6] R. Kubo, J. Phys. Soc. Japan **3**, 254 (1948); **4**, 322, 326 (1949).
[7] H. Fröhlich, H. Pelzer, S. Zienau, Phil. Mag. **41**, 221 (1950).
[8] M. Nogami, Progr. Theor. Phys. **5**, 56 (1950).
[9] T. Muto, S. Oyama, Progr. Theor. Phys. **5**, 833 (1950).
[10] H. Callen, Phys. Rev. **76**, 1394 (1949).
[11] S. I. Pekar, Untersuchungen zur Elektronentheorie der Kristalle 1951, S. 252—253; deutsch: Akademie-Verlag, Berlin 1954.
[12] N. N. Bogoljubov, Ukr. mat. Žurn. **2**, 3 (1950); deutsch in diesem Band S. 1.
[13] S. V. Tjablikov, Žurn. èksper. teor. Fiz. **21**, 377 (1951); deutsch in diesem Band S. 23.
[14] H. Mott, R. Gurney, Electronic Processes in Ionic Crystals, Oxford 1948.
[15] M. Born, M. Goeppert-Meyer, Theorie des festen Körpers, Handb. Phys. 24/2 (1933).
[16] K. B. Tolpygo, Diss. Phys. Inst. Akad. Wiss. der Ukrain. SSR, Kiew 1949.
[17] S. I. Pekar, Žurn. èksper. teor. Fiz. **17**, 868 (1947).
[18] S. V. Tjablikov, Žurn. èksper. teor. Fiz. **21**, 16 (1951).
[19] L. D. Landau, S. I. Pekar, Žurn. èksper. teor. Fiz. **18**, 419 (1948).

Das Energiespektrum des Elektrons in einem polaren Kristall I[1])

Von S. V. Tjablikov

Es wird das Energiespektrum eines Elektrons im Ionenkristall unter Berücksichtigung der Wechselwirkung des Elektrons mit der von ihm selbst erzeugten Polarisation untersucht. Dabei zeigt sich, daß dieses Spektrum Bändercharakter hat, wobei die Bandbreite wesentlich von der Stärke der Kopplung des Elektrons mit der Gitterpolarisation abhängt; in geringerem Grade hängt die Lage der Bandmitte von dieser Wechselwirkung ab.

1. In den letzten Jahren waren die Eigenschaften der Elektronen in Ionenkristallen Gegenstand einer Reihe theoretischer Untersuchungen [*1*—*13* u. a.]. Hierbei wurde festgestellt, daß die Wechselwirkung des Elektrons mit der von ihm selbst erzeugten Polarisation des Mediums einen der wichtigsten Faktoren bildet, die das Verhalten der Elektronen in Ionenkristallen bestimmen. Gleichzeitig konnte man verhältnismäßig leicht klären, in welchen Fällen diese Wechselwirkung als ,,kleine Störung" angesehen werden darf und in welchen sie eine entscheidende Rolle spielt [*8*]. Für den Fall schwacher Kopplung kann man weiter zeigen, daß eine Berücksichtigung der Polarisation den Bändercharakter des Spektrums nicht ändert und nur zu einer verhältnismäßig kleinen Verschiebung der Bandränder führt [*4*—*6*]. Im Fall starker Kopplung (genauer adiabatischer Kopplung [*8*, *11*, *12*]) ist dagegen der Einfluß der Selbstlokalisation des Elektrons auf die Form des Energiespektrums bei Berücksichtigung des periodischen Feldes des Gitters bisher noch ungeklärt. Fast alle bis heute existierenden Arbeiten über die adiabatische Kopplung beschränken sich auf die Anwendung der Methode der effektiven Masse, die das Spektrum nur in der Nähe der Bandränder zu untersuchen gestattet. Die einzige Ausnahme bildet offenbar die Veröffentlichung [*13*], deren Verfasser auf den Einfluß der Atomstruktur auf die Größe der optischen und thermischen Aktivierungsenergie des selbstlokalisierten Elektrons hinweist und ferner die Unmöglichkeit feststellt, hier die Methode der fast freien Elektronen anzuwenden. Leider führt diese Veröffentlichung keine Daten über die Art des Energiespektrums der Polaronen und den Einfluß der Polarisation auf dieses an.

Das Problem des Elektronenspektrums bei Berücksichtigung des periodischen Gitterfeldes und der Wechselwirkung der Elektronen mit der von ihnen selbst erzeugten Polarisation (d. h. die Frage nach dem Polaronenspektrum unter Berücksichtigung des periodischen Gitterfeldes) ist auch deshalb von Interesse,

---

[1]) Žurn. èksper. teor. Fiz. **23**, 381 (1952). Deutsche Übersetzung mit Genehmigung des Verlages Kultur und Fortschritt, Berlin, entnommen der Zeitschrift Sowjetwissenschaft, Naturwissenschaftliche Beiträge, Heft 6 (1954), S. 753. Die Übersetzung wurde nochmals redaktionell bearbeitet.

weil eine Untersuchung dieses Problems die Möglichkeit gibt, die Anwendbarkeitsgrenzen der Methode der effektiven Masse in der Polaronentheorie genauer festzulegen. Ein Elektron im Polaronenzustand kann man sich als Elektronenwolke vorstellen, die bestimmte effektive Abmessungen hat und als Ganzes durch den Kristall wandern kann. Offenbar kann man diese Bewegung des Polarons durch den Kristall nur dann in der Näherung der effektiven Masse behandeln, wenn die effektiven Abmessungen des Polarons viel größer sind als die Gitterkonstante; diese Bedingung ist aber in den Kristallen, mit denen man es gewöhnlich zu tun hat, nicht immer hinreichend gut erfüllt. Zur Abschätzung der effektiven Abmessungen des Polarons benutzen wir die Ergebnisse von PEKAR [9]. Approximieren wir die Wellenfunktion des Polarons durch die Funktion

$$\varphi(r) \sim (1 + \alpha r) e^{-\alpha r}; \quad \alpha = \frac{\mu \beta e^2}{\hbar^2}; \quad \beta = \frac{1}{\varkappa_0} - \frac{1}{\varkappa},$$

wobei $\varkappa_0^{1/2}$ und $\varkappa$ der Brechungsindex und die Dielektrizitätskonstante des Kristalls und μ die effektive Masse des Elektrons sind, so liegt es nahe, die effektiven Abmessungen der Elektronenwolke (des Polarons) als $R \sim 1/\alpha$ zu definieren. Setzen wir bei der Abschätzung für die Alkalihalogenidkristalle $\beta \sim 0{,}25$, $m/\mu = 2$ [9], so erhalten wir größenordnungsmäßig $R \sim 2\,\text{Å}$, was ungefähr mit dem geringsten Abstand zwischen zwei Ionen übereinstimmt, der bei diesen Kristallen 2—3 Å beträgt. Daher ist es fraglich, ob die Anwendung der Methode der effektiven Masse sich hier rechtfertigen läßt; wie uns scheint, kann man das im gegebenen Fall nur dann entscheiden, wenn man die Lösungen untersucht, die sich bei Berücksichtigung des periodischen Gitterfeldes ergeben; denn die effektiven Abmessungen der Elektronenwolke (des Polarons) sind hier von der gleichen Größenordnung wie der Abstand zwischen zwei nächsten Nachbarionen.

Durch die Einführung eines effektiven Potentials, das von der Dichteverteilung der Ladung in der Elektronenwolke abhängt, und durch die Benutzung der makroskopischen Größen $\varkappa_0$ und $\varkappa$ zur Kennzeichnung des Mediums beschreiben wir die auf das Elektron rückwirkende Polarisation des Kristalls zwar auch, indem wir das Diskontinuum durch ein Kontinuum ersetzen, doch ist diese Näherung anderer Natur als die Methode der effektiven Masse. Wir können die Wechselwirkung des Elektrons mit der von ihm selbst erzeugten Polarisation auch von einem etwas anderen Standpunkt aus betrachten und zwar als Wechselwirkung des Elektrons mit den Polarisationsschwingungen des Gitters (d. h. mit den Gitterschwingungen, die mit einem verhältnismäßig großen Dipolmoment verbunden sind). Hierbei bildet die Behandlung der Bewegung des Elektrons in seinem mit sich selbst verträglichen („self consistent") Potentialtopf streng genommen nur eine Methode zur Beschreibung der Schwankungen der Koordinaten des Elektrons um ihre Mittelwerte [11, 12]. Die Frage, ob es gerechtfertigt ist, die makroskopischen Größen $\varkappa_0$ und $\varkappa$ einzuführen, läßt sich hier im wesentlichen darauf zurückführen, inwieweit es überhaupt möglich ist, diese Größen zur Beschreibung der Wechselwirkung des Elektrons mit den Polarisationswellen zu benutzen, und ob es gerechtfertigt ist, die Wechselwirkung in der Art zu beschreiben, wie das gewöhnlich geschieht [1—13].

Weiter unten stellen wir uns die Aufgabe, den Charakter des Energiespektrums des Elektrons im periodischen Gitterfeld zu untersuchen und den Einfluß der Polarisation des Gitters auf das Spektrum zu klären. Man muß hier feststellen, daß man aus allgemeinen Überlegungen über die Invarianz der Hamilton-Funktion gegenüber der Gruppe der Translationen von Vielfachen der Gitterkonstante schließen kann, daß das Energiespektrum des Elektrons Bändercharakter haben muß. Diesen Umstand stellten wir schon früher [*12*] fest, besonders eingehend wird er in den Arbeiten von Wolkenstein behandelt [*14, 15*]. In der vorliegenden Arbeit haben wir nicht so sehr die Behandlung dieser Frage unter einem allgemeinen Gesichtspunkt wie die konkrete Untersuchung der Struktur des Energiespektrums des Polarons und seiner Abhängigkeit von den Polarisationseffekten im Auge.

2. Für unsere Untersuchungen ist es zweckmäßig, die Hamilton-Funktion H eines Elektrons, das mit den Polarisationsschwingungen des Gitters in Wechselwirkung steht (d. h. des Polarons), unter Verwendung der Feldquantisierung zu schreiben. Wir lassen die Einzelheiten der Rechnung fort, ferner erörtern wir nicht die Voraussetzungen, die bei der Ableitung gemacht werden, und wählen als Ausgangspunkt die Hamilton-Funktion, die wir in [*8*] erhielten [Gleichung (6)], und zwar in der Näherung der Methode der effektiven Masse. Offenbar bildet die Hamilton-Funktion in der Methode der effektiven Masse eine Approximation der eigentlichen Hamilton-Funktion H, die jedoch die Wechselwirkung des Elektrons mit den Polarisationsschwingungen des Gitters hinreichend gut beschreibt. Man kann also die Hamilton-Funktion des Polarons im periodischen Feld erhalten, indem man zu der Hamilton-Funktion, die in der Methode der effektiven Masse vorkommt, die potentielle Energie des Elektrons im periodischen Feld des Gitters hinzufügt und die effektive Masse des Elektrons durch die gewöhnliche Masse ersetzt:

$$H = -\frac{\hbar^2}{2m}\Delta_{\boldsymbol{r}} + U(\boldsymbol{r}) + \sum E(\boldsymbol{f})\xi_f^+\xi_f + \sum A_f(e^{i(\boldsymbol{f},\boldsymbol{r})}\xi_f + \xi_f^+ e^{-i(\boldsymbol{f},\boldsymbol{r})})\,; \quad (1)$$

$$A_f = \frac{1}{f}\sqrt{\frac{2\pi\beta e^2\hbar\omega}{V}}\,; \quad E(\boldsymbol{f}) = \hbar\omega,$$

hierbei ist $\boldsymbol{r}$ die Koordinate des Elektrons; ξ^+, ξ sind die Operatoren der Erzeugung und Vernichtung von Schallquanten, die den Vertauschungsrelationen der Bose-Statistik genügen; ω ist die Grundfrequenz der optischen Schwingungen, $U(\boldsymbol{r})$ das periodische Gitterpotential. Wir werden $U(\boldsymbol{r})$ auch in der Form

$$U(\boldsymbol{r}) = \sum_{(\boldsymbol{g})} U_{\boldsymbol{g}}(\boldsymbol{r}-\boldsymbol{g}) = U_{\boldsymbol{g}_0}(\boldsymbol{r}-\boldsymbol{g}_0) + U_\Delta(\boldsymbol{r}-\boldsymbol{g}_0)\,;$$

$$U_\Delta(\boldsymbol{r}-\boldsymbol{g}_0) = \sum_{(\boldsymbol{g}\neq\boldsymbol{g}_0)} U_{\boldsymbol{g}}(\boldsymbol{r}-\boldsymbol{g}) \quad (2)$$

schreiben, wobei $\boldsymbol{g}$ dem Gittervektor entspricht ($\boldsymbol{g} = \boldsymbol{a}_1 g_1 + \boldsymbol{a}_2 g_2 + \boldsymbol{a}_3 g_3$; $g_i = 0, 1, 2, \ldots$; $\boldsymbol{a}_i$ Grundvektoren des Gitters).

Ein Überschußelektron im Ionengitter wird sich vorwiegend in der Nähe eines positiven Ions lokalisieren. Deshalb liegt es nahe, die Wellenfunktion des Elektrons in der Näherung stark gebundener Elektronen in Form einer Kombination von Funktionen anzusetzen, die den Atomfunktionen der isolierten Metallatomen ähneln [16]. Die effektiven Abmessungen des Polarons in der Näherung der Methode der effektiven Masse übersteigen größenordnungsmäßig die Atomabstände nicht, und man kann annehmen, daß diese Situation auch bei der Berücksichtigung des periodischen Feldes bestehen bleibt. Wir benutzen deshalb zur Lösung eine Methode, die der Methode der stark gebundenen Elektronen entspricht.

Würden wir die Atome hinreichend weit voneinander entfernen, so daß wir die Nichtorthogonalitätsintegrale der Wellenfunktionen des Elektrons für verschiedene Gitterpunkte vernachlässigen könnten, hierbei aber die Wechselwirkung des Elektrons mit dem Feld der Polarisationsschwingungen erhalten bliebe, so könnten wir die Wellenfunktion eines Elektrons, das sich in der Nähe des Ions im Gitterpunkt $g = 0$ lokalisiert hat, folgendermaßen ansetzen:

$$\varphi(\boldsymbol{r}) \prod_{(f)} \Theta_f(n_f),$$

hierbei ist $\Theta_f(n_f)$ eine Funktion der Besetzungszahl des $\boldsymbol{f}$-ten Oszillators.

Berücksichtigen wir die Translationsentartung des Problems, so können wir die Wellenfunktion des Systems ansetzen:

$$\Phi_k(\boldsymbol{r}, \ldots, n_f, \ldots) = \sum_{(\boldsymbol{g})}' e^{i(\boldsymbol{k}, \boldsymbol{g})} \varphi(\boldsymbol{r} - \boldsymbol{g}) \prod_{(\boldsymbol{g})} e^{-i(\boldsymbol{f}, \boldsymbol{g}) n_f} \Theta_f(n_f), \tag{3}$$

wobei $\varphi(\boldsymbol{r})$ und $\Theta_f(n_f)$ noch unbekannte Funktionen sind, die folgenden Normierungsbedingungen genügen:

$$\int |\varphi(\boldsymbol{r})|^2 d\boldsymbol{r} = 1; \quad (\Theta_f^*(n_f), \ \Theta_f(n_f)) = \sum_{(n_f)} |\Theta_f(n_f)|^2 = 1. \tag{4}$$

Der Strich an der Summe über $\boldsymbol{g}$ in (3) bedeutet, daß die Summierung nur über die positiven Gitterionen erstreckt werden soll. Beschränken wir uns ferner auf den Fall schwach angeregter Zustände, so können wir näherungsweise setzen:

$$\Theta_f(n_f) \begin{cases} \neq 0, & n_f = 0,1; \\ = 0, & n_f \geq 2, \end{cases} \tag{5}$$

denn für diese Zustände ist die Wahrscheinlichkeit hoher Besetzungszahlen der Oszillatoren sehr gering; zur Abkürzung der Schreibweise benutzen wir weiter unten die Bezeichnung $\Theta_f(1) = \pi_f$.

Durch leichte Rechnung kann man zeigen, daß

$$(\Phi_{k'}^*, \Phi_k) = \sum_{(n_f)} \int \Phi_{k'}^*(\boldsymbol{r}; \ldots n_f, \ldots) \Phi_k(\boldsymbol{r}; \ldots n_f, \ldots) \, d\boldsymbol{r} =$$

$$= \sum_{(\boldsymbol{g}, \boldsymbol{g}')} e^{i(\boldsymbol{k}, \boldsymbol{g} - \boldsymbol{g}')} J_0^{\boldsymbol{g} - \boldsymbol{g}'} \Theta^{\boldsymbol{g} - \boldsymbol{g}'} \delta_{\boldsymbol{k}, \boldsymbol{k}'};$$

$$\Phi_{k'}^*, H \Phi_k) = \sum_{(\boldsymbol{g}, \boldsymbol{g}')} e^{i(\boldsymbol{k}, \boldsymbol{g} - \boldsymbol{g}')} \tilde{H}_{\boldsymbol{g} - \boldsymbol{g}'} \delta_{\boldsymbol{k}, \boldsymbol{k}'} \tag{6}$$

ist, wobei die Bezeichnungen

$$H_g = \left\{ -\frac{\hbar}{2m} I^g + U^g + J_0^g \sum_{(f)} E(f) |\pi_f|^2 e^{-i(f,g)} + \sum_{(f)} A_f J_f^g \pi_f + \sum_{(f)} A_f J_f^{*g} \pi_f^* \right\} \Theta^g;$$

$$J_f^g = \int e^{i(f,g)} \varphi^+(\boldsymbol{r}+\boldsymbol{g}) \varphi(\boldsymbol{r}) d\boldsymbol{r}; \qquad I^g = \int \varphi^+(\boldsymbol{r}+\boldsymbol{g}) \Delta_{\boldsymbol{r}} \varphi(\boldsymbol{r}) d\boldsymbol{r};$$

$$U^g = \int \varphi^+(\boldsymbol{r}+\boldsymbol{g}) U(\boldsymbol{r}) \varphi(\boldsymbol{r}) d\boldsymbol{r};$$

$$\Theta^g = \exp\{-\sum |\pi_f|^2 (1 - e^{-i(f,g)})\} \tag{7}$$

eingeführt wird. In diesen Bezeichnungen lassen sich die Energieeigenwerte des Systems (1) folgendermaßen schreiben:

$$E(\boldsymbol{k}) = \frac{(\Phi_k^*, H\Phi_k)}{(\Phi_k^*, \Phi_k)} = \frac{\sum'_{(g)} e^{i(\boldsymbol{k},g)} \tilde{H}_g}{\sum'_{(g)} e^{i(\boldsymbol{k},g)} J_0^g \Theta^g}. \tag{8}$$

Die noch unbekannten Funktionen $\varphi(\boldsymbol{r}), \pi_f$ bestimmen wir aus der Minimalbedingung für die Energie $E(\boldsymbol{k})$.

Aus dem Ausdruck (8) sehen wir, daß das Energieeigenwertspektrum des Polarons als Funktion des Parameters k, den man naheliegenderweise als Quasi-Ausbreitungsvektor des Polarons bezeichnet, Bändercharakter hat. In der Tat hängen nur die Phasenfaktoren $\exp\{i(\boldsymbol{k}, \boldsymbol{g})\}$, die alle ihre Werte bei einer Änderung der Phase von 0 bis 2π durchlaufen, von $\boldsymbol{k}$ ab; dementsprechend durchläuft die Energie $E(\boldsymbol{k})$ alle zulässigen Werte, wenn sich die Phase von 0 bis π ändert (bei Änderung der Phase von π bis 2π durchläuft die Energie dieselben Werte in umgekehrter Richtung). Der Vektor $\boldsymbol{k}$ läßt sich infolgedessen wie gewöhnlich nur bis auf einen Vektor festlegen, der ein Vielfaches des Vektors des reziproken Gitters bildet (mit dem Faktor π).

Die Bandränder werden gegeben durch die Bedingungen

$$\text{I. } e^{i(\boldsymbol{k},g)} = 1, \quad \boldsymbol{k}_{\mathrm{I}} = 0;$$

$$\text{II. } e^{i(\boldsymbol{k},g)} = -1; \quad k_{\mathrm{II}} = \left\{ \pi \frac{[g_2, g_3]}{(g_1, g_2, g_3)}, \quad \pi \frac{[g_3, g_1]}{(g_1, g_2, g_3)}, \quad \pi \frac{[g_1, g_2]}{(g_1, g_2, g_3)} \right\}.$$

Hierbei erhalten wir die Energien an den Bandrändern

$$E_{\mathrm{I}}^0 = E(\boldsymbol{k}_{\mathrm{I}}) = \frac{\tilde{H}_0 + \sum'_{(g \neq 0)} \tilde{H}_g}{1 + \sum'_{(g \neq 0)} J_0^g \Theta^g};$$

$$E_{\mathrm{II}}^0 = E(\boldsymbol{k}_{\mathrm{II}}) = \frac{\tilde{H}_0 - \sum'_{(g \neq 0)} \tilde{H}_g}{1 - \sum'_{(g \neq 0)} J_0^g \Theta^g}. \tag{9}$$

Wenn wir bedenken, daß bei $\boldsymbol{g} \neq 0$ die Größen H_g und J^g von der Größenordnung des Nichtorthogonalitätsintegrals J_0^1 sind (oder kleiner), das wir im folgenden als kleinen Parameter ansehen werden, so sehen wir, daß man sich, um die Energie E_i^0 (i bezeichnet I oder II) bis auf Größen von der Ordnung J_0^1 zum Minimum zu machen, auf eine Extremumsbildung der Größe $\tilde{H}_0$ nach π_f und $\varphi(\boldsymbol{r})$ beschränken kann[1]):

$$\tilde{H}_0 = -\frac{\hbar^2}{2m} I^0 + U^0 + \sum E(\boldsymbol{f}) |\pi_f|^2 + \sum A_f \pi_f J_f^0 + \sum A_f \pi_f^* J_f^{0*}.$$

Die Größe $\tilde{H}_0$ machen wir in zwei Schritten zum Minimum: Zuerst variieren wir π_f bei festgehaltenen φ und φ_F, um dann auch φ zu variieren. Aus der Bedingung des Verschwindens der Variation von $\tilde{H}_0$ nach π_f erhalten wir folgende Ausdrücke für π_f, π_f^*:

$$\pi_f = -\frac{A_f}{E(\boldsymbol{f})} J_f^0, \quad \pi_f^* = -\frac{A_f}{E(\boldsymbol{f})} J_f^{0*}, \tag{10}$$

setzt man sie in $\tilde{H}_0$ ein, so erhält man

$$\tilde{H}_0 = -\frac{\hbar^2}{2m} I^0 + U^0 - \sum_{(f)} \frac{|A_f|^2}{E(\boldsymbol{f})} |J_f^0|^2.$$

Unter Benutzung von (2) kann man diese Ausdrücke folgendermaßen umschreiben:

$$\tilde{H}_0 = -\frac{\hbar^2}{2m} I^0 + U_0^0 - \sum \frac{|A_f|^2}{E(\boldsymbol{f})} |J_f^0|^2 + U_\Delta^0;$$

$$U_\Delta^0 = \int \{U(\boldsymbol{r}) - U_0(\boldsymbol{r})\} \, |\varphi(\boldsymbol{r})|^2 \, d\boldsymbol{r} = \sum_{(\boldsymbol{g} \neq 0)} \int U_g(\boldsymbol{r} - \boldsymbol{g}) \, |\varphi(\boldsymbol{r})|^2 \, d\boldsymbol{r}. \tag{11}$$

In Übereinstimmung mit der Näherung stark gebundener Elektronen setzen wir die Funktionen $\varphi(\boldsymbol{r})$, die noch unbekannt sind, als Funktionen an, die in der Nähe der einzelnen Gitterpunkte lokalisiert sind. Da sie mit Entfernung von einem Gitterpunkt schnell abnehmen, werden wir das Glied U_Δ^0 im folgenden

---

[1]) Den Ausdruck für E_0 können wir folgendermaßen schreiben:

$$E^0 = A(\varphi) + \varepsilon B(\varphi), \qquad \varepsilon \ll 1.$$

Bis auf Größen der Ordnung ε einschließlich läßt sich die Funktion, die den Ausdruck für E^0 zum Minimum macht, folgendermaßen darstellen:

$$\varphi = \varphi_0 + \varepsilon\varphi_1,$$

hierbei läßt sich φ_0 aus der Minimalbedingung für die Größe $A(\varphi)$ bestimmen. Dann ist

$$\min E^0 = A(\varphi_0 + \varepsilon\varphi_1) + \varepsilon B(\varphi_0) + O(\varepsilon^2),$$

da aber wegen der Definition der Funktion φ_0 die erste Variation von A nach φ bei $\varphi = \varphi_0$ verschwindet, ist

$$\min E^0 = A(\varphi_0) + \varepsilon B(\varphi_0) + O(\varepsilon^2).$$

als kleines Korrekturglied zum Potential U_0^0 auffassen und dementsprechend die Funktion $\varphi(\boldsymbol{r})$ aus dem Minimum des Ausdrucks

$$-\frac{\hbar^2}{2m} I^0 = U_0^0 - \sum \frac{|A_f|^2}{E(f)} |J_f^0|^2 = \min \tag{12}$$

bestimmen.

Variieren wir diesen Ausdruck, so erhalten wir folgende Gleichung für die Funktion φ:

$$-\frac{\hbar^2}{2m} \Delta\varphi(\boldsymbol{r}) + U_0(\boldsymbol{r})\,\varphi(\boldsymbol{r}) -$$

$$-2\sum \frac{|A_f|}{E(f)} e^{i(f,\boldsymbol{r})} \int e^{-i(f,\boldsymbol{r}')} |\varphi(\boldsymbol{r}')|^2 \, d\boldsymbol{r}' \, \varphi(\boldsymbol{r}) = W\varphi(\boldsymbol{r}), \tag{13}$$

die wir durch Benutzung des Ausdrucks (1) für die Koeffizienten A_f leicht auf die Form

$$-\frac{\hbar^2}{2m} \Delta\varphi(\boldsymbol{r}) + U_0(\boldsymbol{r})\,\varphi(\boldsymbol{r}) - \beta e^2 \int \frac{|\varphi(\boldsymbol{r}')|^2}{|\boldsymbol{r}-\boldsymbol{r}'|} d\boldsymbol{r}' \, \varphi(\boldsymbol{r}) = W\varphi(\boldsymbol{r}) \tag{13'}$$

bringen können.

Diese Gleichung stimmt der Form nach mit den Gleichungen überein, die Pekar in seinen Arbeiten über die Theorie der F-Zentren verwendet [*9*], aber mit dem wesentlichen Unterschied, daß $U_0(\boldsymbol{r})$ hier die potentielle Energie des Elektrons im Feld eines Ions bedeutet, während sie bei Pekar die potentielle Energie des Elektrons im Feld einer Gitterfehlstelle bezeichnet, das teilweise durch die induzierten Ladungen des Dielektrikums abgeschirmt wird[1]).

Weiter unten werden wir sämtliche Rechnungen mit einer Genauigkeit bis zu Größen erster Ordnung in den Orthogonalitätsintegralen J^g einschließlich durchführen. In dieser Näherung kann man die Ausdrücke (9) für die Energie an den Bandrändern folgendermaßen schreiben:

$$E_{\mathrm{I}}^0 = \tilde{H}_0 + \sum_{(g \neq 0)}{}' \left(\tilde{H}_g - J^g \Theta^g \tilde{H}_0\right);$$

$$E_{\mathrm{II}}^0 = H_0 - \sum_{(g \neq 0)}{}' \left(\tilde{H}_g - J^g \Theta^g \tilde{H}_0\right). \tag{14}$$

Die Bandbreite E_z ist gleich der Differenz der Ausdrücke (14):

$$E_z = E_{\mathrm{I}} - E_{\mathrm{II}} = 2 \sum_{(g \neq 0)}{}' \left(\tilde{H}_g - J^g \Theta^g \tilde{H}_0\right). \tag{15}$$

---

[1]) Die Voraussetzung über die Abschirmung des Feldes der Fehlstelle für das F-Zentrum ist nicht immer gerechtfertigt, da die Form der potentiellen Energie der Wechselwirkung von Elektron und Gitterfehlstelle wesentlich von den effektiven Abmessungen der Elektronenwolke abhängt. Falls die effektiven Abmessungen der Elektronenwolke von der Größenordnung der Atomabmessungen sind, kann man den Ausdruck für die potentielle Energie des Elektrons im Feld der Fehlstelle nicht mehr in der Form $-e^2/\varkappa r$ schreiben (wobei $\varkappa$ die Dielektrizitätskonstante des Gitters ist), ohne eine zusätzliche Analyse anzustellen; einige Verfasser unterlassen diese [*9*, *17*].

Die Größen H_g, $\tilde{H}_0$, die in diesen Formeln vorkommen, formt man zweckmäßigerweise mit Hilfe von (7), (13) folgendermaßen um:

$$\tilde{H}_g = W J_0^g \Theta^g + J_0^g \Theta^g \sum_{(f)} \frac{|A_f|^2}{E(f)} |J_f^0|^2 e^{-i(f,g)} + U_\Delta^g \Theta^g;$$

$$\tilde{H}_0 = W + \sum_{(f)} \frac{|A_f|^2}{E(f)} |J_f^0|^2 + U_\Delta^0;$$

$$\tilde{H}_g - \tilde{H}_0 J_0^g \Theta^g = \left(U_\Delta^g - U_\Delta^0 J_0^g\right) \Theta^g - J_0^g \Theta^g \sum \frac{|A_f|^2}{E(f)} |J_f^g|^2 (1 - e^{-i(f,g)}). \quad (16)$$

Vernachlässigt man die Polarisation vollständig, indem man setzt $A_f = 0$, $\Theta^g = 1$, so wird $\tilde{H}_g - \tilde{H}_0 J_0^g \Theta^g = 2\left(U_\Delta^g - U_\Delta^0 J_0^g\right)$. Hierbei ergeben sich für E_{I}^0, E_{II}^0, E_z Ausdrücke, die mit den bekannten Formeln der Bändertheorie übereinstimmen:

$$E_{\mathrm{I,II}}^0 = W + U_\Delta^0 \pm \sum_{(g \neq 0)}' \left(U_\Delta^g - U_\Delta^0 J_0^g\right); \quad E_z = 2 \sum_{(g \neq 0)}' \left(U_\Delta^g - U_\Delta^0 J_0^g\right).$$

In diesen Formeln läßt man gewöhnlich noch die Glieder weg, die das Nichtorthogonalitätsintegral J_0^g der Atomfunktionen enthalten.

Die Summen über f in den Formeln (16), die Zusatzglieder zur Energie darstellen und von der Polarisation des Kristalls durch das Elektron (oder der Wechselwirkung des Elektrons mit den Polarisationsschwingungen) herrühren, kann man als verhältnismäßig klein gegenüber den „Coulombschen" Gliedern U_Δ^0 und U_Δ^g betrachten; die ersten sind nämlich von der Größenordnung $\beta e^2/l$, die letzteren von der Größenordnung e^2/l, wobei l eine Größe von der Dimension einer Länge und $\beta = \frac{1}{\varkappa_0} - \frac{1}{\varkappa}$ ist ($\varkappa_0$ Brechungsindex, $\varkappa$ Dielektrizitätskonstante des Kristalls). Da für die Mehrzahl der bekannten Kristalle $\beta \lesssim 0{,}20 - 0{,}25$ ist, kann man den Effekt der Wechselwirkung des Elektrons mit den Polarisationsschwingungen durch den Faktor Θ^g in den Formeln (16) grob berücksichtigen, während man die übrigen Glieder, die von der Polarisation abhängen, sowie auch die Glieder, die J_0^g enthalten, vernachlässigt:

$$\tilde{H}_g - \tilde{H}_0 J_0^g \Theta^g \approx U_\Delta^g \Theta^g. \quad (17)$$

Hierbei kann man die Formeln (14), (15) folgendermaßen umschreiben:

$$E_{\mathrm{I}}^0 \approx W + \sum_{(f)} \frac{|A_f|^2}{E(f)} |J_f^0|^2 + U_\Delta^0 + \sum_{(g \neq 0)}' U_\Delta^g \Theta^g;$$

$$E_{\mathrm{II}}^0 \approx W + \sum_{(f)} \frac{|A_f|^2}{E(f)} |J_f^0|^2 + U_\Delta^0 - \sum_{(g \neq 0)}' U_\Delta^g \Theta^g;$$

$$E_z \approx 2 \sum_{(g \neq 0)}' U_\Delta^g \Theta^g. \quad (18)$$

In der Nähe der Bandränder kann man die Energie in eine Reihe nach Potenzen des Quasi-Ausbreitungsvektors entwickeln. Beschränkt man sich auf Glieder zweiter Ordnung in $\boldsymbol{k}$, so erhält man

$$E_i(\boldsymbol{k}) = E_i^0 + E_i'(\boldsymbol{k}), \tag{19}$$

mit

$$E_i'(\boldsymbol{k}) = \frac{1}{2} \frac{\sum\limits_{(\boldsymbol{g})}' \tilde{H}_{\boldsymbol{g}}}{\sum\limits_{(\boldsymbol{g})} J_0^{\boldsymbol{g}} \Theta^{\boldsymbol{g}}} \left\{ \frac{\sum\limits_{(\boldsymbol{g})}' (\boldsymbol{k}, \boldsymbol{g})^2 J_0^{\boldsymbol{g}} \Theta^{\boldsymbol{g}}}{\sum\limits_{(\boldsymbol{g})}' J_0^{\boldsymbol{g}} \Theta^{\boldsymbol{g}}} - \frac{\sum\limits_{(\boldsymbol{g})}' (\boldsymbol{k}, \boldsymbol{g})^2 \tilde{H}_{\boldsymbol{g}}}{\sum\limits_{(\boldsymbol{g})}' \tilde{H}_{\boldsymbol{g}}} \right\}, \tag{19a}$$

dabei werden die Größen E_0 durch die Formeln (9) definiert. Wir berechnen alle Größen bis zu Gliedern zweiter Ordnung in den Nichtorthogonalitätsintegralen $J_0^{\boldsymbol{g}}$ $(\boldsymbol{g} \neq 0)$ einschließlich. Bedenkt man, daß wegen Formel (7) gilt $\sum\limits_{(\boldsymbol{g})}' (\boldsymbol{k}, \boldsymbol{g})^2$ $\tilde{H}_{\boldsymbol{g}} \sim 0 (J_0^{\boldsymbol{g}})$ und daß $J_0^0 = \Theta^0 = 1$ ist, so vereinfachen sich die Ausdrücke für E_i' in unserer Näherung und lassen sich folgendermaßen schreiben:

$$E_{\mathrm{I}}' = -\frac{1}{2} \sum_{(\boldsymbol{g} \neq 0)}' (\boldsymbol{k}, \boldsymbol{g})^2 \left(\tilde{H}_{\boldsymbol{g}} - J_0^{\boldsymbol{g}} \Theta^{\boldsymbol{g}} \tilde{H}_0\right),$$

$$E_{\mathrm{II}}' = \frac{1}{2} \sum_{(\boldsymbol{g} \neq 0)}' (\boldsymbol{k}, \boldsymbol{g})^2 \left(\tilde{H}_{\boldsymbol{g}} - J_0^{\boldsymbol{g}} \Theta^{\boldsymbol{g}} \tilde{H}_0\right). \tag{20}$$

Zur Berechnung der Größen E_i^0 und E_i' kann man die früher gefundenen Ausdrücke für die Größen $\varphi(\boldsymbol{r})$, π_f benutzen, denn wegen der Voraussetzung über die Kleinheit von k kann man sich nach der Anmerkung 1 bei der Minimumbildung des Ausdrucks (17) auf eine Minimumbildung der Größen E_i^0 beschränken, und diese wurde bereits durchgeführt. Zum Zwecke einer groben Abschätzung der Größen E_i' kann man ebenso wie bei der Berechnung von E_i^0 die Näherungsformel (17) verwenden:

$$E_{\mathrm{I}}' \approx -\frac{1}{2} \sum_{(\boldsymbol{g} \neq 0)}' U_\Delta^{\boldsymbol{g}} \Theta^{\boldsymbol{g}} (\boldsymbol{k}, \boldsymbol{g})^2; \quad E_{\mathrm{II}}' = -E_{\mathrm{I}}'. \tag{21}$$

Den Ausdruck (21) kann man als quadratische Form in den Komponenten des Quasi-Ausbreitungsvektors $\boldsymbol{k}^\alpha$ auffassen, deren Koeffizienten den Tensor der effektiven Masse des Polarons angeben. Falls die Symmetrie des Gitters hinreichend hoch, etwa kubisch ist, entartet dieser Tensor in einen Skalar. Im Gegensatz zu den oben erwähnten Arbeiten, die sich auf die Benutzung der Methode der effektiven Masse zur Berücksichtigung des periodischen Gitterfeldes stützen [*8*—*12*], gibt die Formel (21) einen Ausdruck für die Energie des Polarons in der Nähe des Bandrandes, der der Form nach mit den bekannten Formeln der Bändertheorie übereinstimmt, aber mit dem wesentlichen Unterschied, daß die Austauschintegrale $U_\Delta^{\boldsymbol{g}}$ mit einem Zusatzfaktor $\Theta^{\boldsymbol{g}}$ versehen sind[1]), der, wie weiter unten gezeigt werden wird, eine sehr wesentliche Rolle spielt.

3. Wir gehen nun zu einer Abschätzung der Breite der Polaronbänder und der effektiven Masse der Polaronen über.

Die Alkalihalogenidkristalle haben gewöhnlich entweder ein Gitter vom NaCl- oder vom CsCl-Typ. Im ersten bilden die Metallionen ein flächenzentriertes Gitter; der Parameter dieses Gitters beträgt $2a$, wobei a der Abstand von einem Metallion zum benachbarten Halogenid-Ion ist. In einem Gitter vom CsCl-Typ bilden die Metallionen ein einfach kubisches Gitter, und als Gitterparameter a nimmt man den Abstand zwischen zwei nächstbenachbarten Metallionen.

Zunächst bringen wir die Formel (7) für Θ^{g}

$$\Theta^{g} = \exp\left\{-\sum_{(f)} |\pi_f|^2 \left(1 - e^{-i(f,g)}\right)\right\}$$

auf die bequemste Form. Bedenken wir, daß die Funktion Θ^{g} unter dem Summenzeichen zusammen mit anderen schnell abnehmenden Funktionen von $\boldsymbol{g}$ auftritt, so sehen wir, daß nur das Verhalten von Θ^{g} bei hinreichend kleinen $\boldsymbol{g}$ wesentlich ist, denn im Exponenten steht etwas Großes. In der Tat, geht man im Ausdruck (1) zu dimensionslosen Größen über, so läßt sich dieser folgendermaßen schreiben [8]

$$H = H_e + \varepsilon^2 \sum_{(f)} E(\boldsymbol{f})\, \xi_f^+ \xi_f + \varepsilon \sum_{(f)} A_f \left(e^{i(f,r)}\, \xi_f + \xi_f^+ e^{-i(f,r)}\right), \tag{1a}$$

wobei H_e die Hamilton-Funktion des Elektrons im periodischen Feld ist. Dementsprechend ist das zweite Glied in $\tilde{H}_0$, aus dessen Minimum die Funktion π_f bestimmt wird, ebenfalls proportional ε^2, während das dritte und das vierte Glied proportional ε sind. Hieraus erkennt man leicht, daß π_f von der Größenordnung $1/\varepsilon$ ist. Infolgedessen spielen in den Summen nur diejenigen Glieder eine wesentliche Rolle, für die die Größe Θ^{g} nicht allzu klein ist; dies ist der Fall, wenn die Summe im Exponenten hinreichend klein ist. Man kann also mit hinreichender Genauigkeit setzen

$$\Theta^{g} \approx \exp\left\{-\frac{1}{2} \sum_{(f)} (\boldsymbol{g}, \boldsymbol{f})^2 |\pi_f|^2\right\}.$$

Falls $|\pi_f| = |\pi_{-f}|$ ist — das ist der Fall, wenn $\varphi(\boldsymbol{r})$ eine symmetrische Funktion von $\boldsymbol{r}$ ist —, kann man diesen Ausdruck auch folgendermaßen schreiben:

$$\Theta^{g} = \exp\left\{-\frac{\sigma g^2}{2}\right\}; \quad \sigma = \frac{1}{3} \sum_{(f)} f^2 |\pi_f|^2. \tag{22}$$

[1]) Eine Methode, die der in dieser Arbeit benutzten analog ist, kann man auch zu einer näherungsweisen Bestimmung der effektiven Masse verwenden; hierbei ergibt sich für den tiefsten Term derselbe Wert wie in der adiabatischen Störungstheorie [*9*, *11*, *12*].

Unter Benutzung von (1), (7), (10) bringen wir den Ausdruck für σ auf die Form

$$\sigma = \frac{2\pi}{3} \frac{\beta e^2}{\hbar\omega} \int |\varphi(\boldsymbol{r})|^4 \, d\boldsymbol{r}, \tag{23}$$

wobei $\varphi(\boldsymbol{r})$ die Eigenfunktionen der Gleichung (13) sind.

Die Formel (16) läßt sich auf entsprechende Weise umformen:

$$\tilde{H}_g - \tilde{H}_0 J_0^g \Theta^g = \left(U_\Delta^g - U_\Delta^0 J_0^g\right) e^{-{}^1\!/_2\sigma g^2} - {}^1\!/_2 \hbar\omega\sigma g^2 e^{-{}^1\!/_2\sigma g^2}. \tag{24}$$

Größenordnungsmäßig ist für Ionenkristalle $\hbar\omega \sim 5 \cdot 10^{-14}$ erg, die Austauschintegrale U_Δ^g sind von der Größenordnung $5 \cdot 10^{-12}$ erg, und $\frac{1}{2}\sigma g^2$ ist etwa 1 — 4 (für $g \sim a$). Wir sehen hieraus, daß das zweite Glied in (24), das die auf der Polarisation beruhenden Zusätze zur Energie enthält, um eine Größenordnung kleiner ist als das erste Glied, und daß es in erster Näherung fortgelassen werden kann:

$$\tilde{H}_g - \tilde{H}_0 J_0^g \Theta^g \approx B e^{-{}^1\!/_2\sigma g^2}; \quad B = U_\Delta^g - U_\Delta^0 J_0^g. \tag{25}$$

Unter Benutzung der Voraussetzung, daß sich die Atomwellenfunktionen $\varphi(\boldsymbol{r})$ der Gleichung (13) schwach überdecken, können wir uns bei der Summierung über $\boldsymbol{g}$ auf die dem Gitterpunkt $\boldsymbol{g} = 0$ nächsten positiven Ionen beschränken.

Setzen wir (25) in (14) und (15) ein, so erhalten wir folgende Ausdrücke für die Energie der Bandränder und die Bandbreiten

$$E_{\mathrm{I,II}}^0 = W + U_\Delta^0 + \frac{\beta e^2}{2} \int\int \frac{|\varphi(\boldsymbol{r})|^2 \, |\varphi(\boldsymbol{r}')|^2}{|\boldsymbol{r} - \boldsymbol{r}'|} \, d\boldsymbol{r} d\boldsymbol{r}' \mp N^0 B e^{-{}^1\!/_2\sigma g_1^2}, \tag{26}$$

$$E_z = 2 N^0 B e^{-{}^1\!/_2\sigma g_1^2}, \tag{27}$$

dabei ist für Gitter vom CsCl-Typ $N^0 = 6$, $g_1^2 = a^2$, für Gitter vom NaCl-Typ $N^0 = 12$, $g_1^2 = 2a^2$.

Entsprechend erhalten wir für die Energien in der Nähe der Bandränder (20)

$$E_i(\boldsymbol{k}) = E_i^0 + E_i'(\boldsymbol{k}) + \cdots; \quad E_{\mathrm{II}}'(\boldsymbol{k} = -E_{\mathrm{I}}'(\boldsymbol{k});$$

$$E_{\mathrm{I}}'(\boldsymbol{k}) = -N' B e^{-{}^1\!/_2\sigma g_1^2} k^2, \tag{28}$$

dabei ist für Gitter vom CsCl-Typ $N' = 1$, $g_1^2 = a_1^2$, für Gitter vom NaCl-Typ $N' = 2$, $g_1^2 = 2a^2$. Die effektive Masse eines Polarons in der Nähe der Bandkante beträgt

$$\mu_e = \frac{\hbar^2 e^{{}^1\!/_2\sigma g_1^2}}{2 N' B g_1^2}. \tag{29}$$

Wenden wir uns wieder der Gleichung

$$-\frac{\hbar^2}{2m} \Delta\varphi(\boldsymbol{r}) + U_0(\boldsymbol{r})\,\varphi(\boldsymbol{r}) - \beta e^2 \int \frac{|\varphi(\boldsymbol{r}')|^2}{|\boldsymbol{r} - \boldsymbol{r}'|} \, d\boldsymbol{r}' \, \varphi(\boldsymbol{r}) = W\varphi(\boldsymbol{r}) \tag{13}$$

zu, so sehen wir leicht, daß das zweite Glied links, das die potentielle Energie des Elektrons im Feld des positiven Ions darstellt, von der Größenordnung e^2/r_0 ist, während das dritte Glied, das den Effekt der Polarisation des Kristalls durch das Elektron berücksichtigt, von der Größenordnung $\beta e^2/r_0$ ist, wobei r_0 eine Größe von der Dimension einer Länge ist. Größenordnungsmäßig ist $\beta \sim 0{,}1-0{,}2$, und man kann deshalb das mit sich selbst verträgliche Potential grob als Störung auffassen, so daß man für W folgenden Ausdruck erhält:

$$W = W_0 + \overline{V}; \quad \overline{V} = -\beta e^2 \int\int \frac{|\varphi(\boldsymbol{r})|^2 \, |\varphi(\boldsymbol{r}')|}{|\boldsymbol{r} - \boldsymbol{r}'|} \, d\boldsymbol{r} \, d\boldsymbol{r}', \tag{30}$$

hierbei ist W_0 der Energieeigenwert des Elektrons im Feld des isolierten positiven Ions. Setzen wir (30) in (26) ein, so sehen wir, daß die Lage der Bandzentren durch die Größe

$$W_0 + U_\Delta^0 + {}^1/_2 \overline{V}$$

bestimmt wird.

Die ersten beiden Glieder haben die übliche Form, während das letzte die zusätzliche Verschiebung des Bandzentrums nach unten infolge der Polarisation angibt. Die unter Vernachlässigung der Polarisation berechnete Bandbreite wird gewöhnlich zu einigen Elektronenvolt geschätzt ($B \approx 4-7$ eV). In unserem Fall hat das Austauschintegral B dieselbe Größenordnung; da es aber zusätzlich mit $\exp(-\sigma g_1^2/2)$ als Faktor versehen ist, wobei $\sigma g_1^2/2$ ungefähr gleich 1 bis 4 ist, kann die Bandbreite beträchtlich kleiner sein und nur zehntel oder hundertstel Elektronenvolt betragen. Die effektive Masse des Polarons kann dementsprechend mehr als zehnmal so groß sein wie die effektive Masse des Elektrons.

4. Wir sehen also, daß eine Berücksichtigung der Wechselwirkung des Elektrons mit der von ihm selbst erzeugten Polarisation des Gitters den Bändercharakter des Energiespektrums nicht verändert, daß aber die Bandbreite und die effektive Masse wesentlich von der Größe der Polarisation abhängen und sich um Faktoren von der Größenordnung 10 ändern können.

Dieses Ergebnis hinsichtlich des Bändercharakters des Energiespektrums des Polarons steht im Einklang mit den qualitativen Überlegungen in den oben erwähnten Arbeiten [*12, 14, 15*].

Unsere Ergebnisse stehen im Gegensatz zu denen von Pekar [*18, 9*] über das Energiespektrum des Polarons, nach denen das Polaronenspektrum kontinuierlich ist, wobei seine untere Grenze durch die Energie des Systems gegeben wird, die dem mit sich selbst verträglichen Zustand des Polarons in seinem Potentialtopf entspricht. Dieser Unterschied ist ganz natürlich, da wir im Rahmen der Methode der effektiven Masse nur die Möglichkeit haben, das Spektrum in der Nähe der Bandkanten zu berechnen; das kontinuierliche Spektrum, das Pekar erhält, entspricht also nur den Energien in der Nähe der Kanten der Polaronenbänder, die bei unserer Problemstellung herauskommen.

Bei der dargelegten Lösungsmethode für unser Problem haben wir es von Anfang an nicht mit einer Autolokalisation des Elektrons zu tun, denn wir sind bei der Lösung von einer Wellenfunktion ausgegangen, die die erforderlichen Transformationseigenschaften (Invarianz gegenüber der Gruppe der Translationen) besitzt. Hieraus geht hervor, daß auch für „ruhende“ Polaronen gar keine Autolokalisation im buchstäblichen Sinne dieses Wortes vorliegt.

Schließlich ist festzustellen, daß die von uns entwickelte Näherungsmethode nicht nur in dem Fall anwendbar ist, daß die effektiven Abmessungen des Polarons, definiert als das Gebiet, in dem die Funktion $\varphi(\boldsymbol{r})$ wesentlich von Null verschieden ist, kleiner oder von der Größenordnung der Atomabstände im Gitter sind. Ist diese Bedingung verletzt, so tritt nur die Änderung ein, daß man sich nicht mehr auf eine Summierung über die nächsten Nachbarn beschränken darf, wie es hier geschehen ist, sondern man kann dann näherungsweise von den Summen zu Integralen übergehen; da außerdem die Bedingungen für die Anwendbarkeit der Methode der effektiven Masse dann mehr oder weniger gut erfüllt sind, sind erwartungsgemäß die Ergebnisse für die Verschiebung des Grundterms und für die effektive Masse ganz ähnlich denen, die man erhält, wenn man sich von Anfang an auf die Methode der effektiven Masse stützt.

Zum Schluß benutzt der Verfasser die Gelegenheit, N. N. Bogoljubov für Diskussionsbemerkungen dieser Arbeit und für eine Reihe wertvoller Hinweise seinen Dank abzustatten.

Mathematisches Institut
der Ak. d. W. der UdSSR

Übersetzt von H. Vogel

LITERATUR

[1] H. Fröhlich, H. Pelzer u. S. Zienau, Phil. Mag. **41**, 221 (1950).
[2] H. Callen, Phys. Rev. **76**, 1394 (1949); **79**, 533 (1950).
[3] S. V. Tjablikov, Vortrag auf der 7. Konferenz über Halbleitereigenschaften, Kiew 1950.
[4] S. V. Tjablikov, Doklady Akad. Nauk UdSSR. Nr. 4, 239 (1951).
[5] A. Radkovsky, Phys. Rev. **73**, 794 (1948).
[6] T. Muto and S. Oyoma, Progr. Theor. Phys. **5**, 833 (1950); **6**, 61 (1951).
[7] M. Nogami, Progr. Theor. Phys. **5**, 56 (1950).
[8] S. V. Tjablikov, Žurn. èksper. teor. Fiz. **22**, 513 (1952).
[9] S. I. Pekar, Untersuchungen über die Elektronentheorie der Kristalle, Moskau 1951; deutsch im Akademie-Verlag, Berlin 1954.
[10] R. Kubo, J. Phys. Soc. Jap. **3**, 254 (1948); **4**, 322, 326 (1949).
[11] N. N. Bogoljubov, Ukr. mat. Žurn. **2**, 3 (1950); deutsch in diesem Band S. 1.
[12] S. V. Tjablikov, Žurn. èksper. teor. Fiz. **21**, 377 (1951); deutsch in diesem Band S. 23.
[13] A. Morita, Progr. Theor. Phys. **5**, 329 (1950).
[14] F. F. Volkenstein, Uspechi fiz. Nauk, **43**, 11 (1951).
[15] F. F. Volkenstein, Žurn. techn. Fiz. **21**, 1544 (1951).
[16] F. Bloch, Z. Phys. **52**, 555 (1928).
[17] S. I. Pekar, Žurn. èksper. teor. Fiz. **17**, 868 (1947); **20**, 510 (1950); S. I. Pekar u. O. F. Tomasevič, Žurn. èksper. teor. Fiz. **21**, 1219 (1951).
[18] S. I. Pekar, Žurn. èksper. teor. Fiz. **16**, 335, 341 (1946).

Das Energiespektrum eines Elektrons in einem polaren Kristall II[1])

Von S. V. Tjablikov

Es wird das Energiespektrum eines „überzähligen" Elektrons in einem polaren Kristall untersucht unter der Voraussetzung, daß die Wechselwirkung des Elektrons mit den Polarisationsschwingungen des Gitters adiabatischen Charakter besitzt. Die Betrachtung wird in einer Näherung durchgeführt, welche der Methode des quasifreien Elektrons analog ist.

1. Wie von vielen Autoren [2]) bemerkt wurde, spielt in polaren Kristallen die Wechselwirkung des Elektrons mit der von ihm selbst verursachten Polarisation des Gitters, von welcher es bei seiner Bewegung durch den Kristall begleitet wird, eine grundlegende Rolle und bestimmt in einer Reihe von Fällen die Eigenschaften der Leitungselektronen. Wenn diese Polarisation hinreichend stark ist, ist es angemessen, das Elektron zusammen mit der es begleitenden Polarisation als ein Objekt zu behandeln, welches wir im folgenden als Polaron bezeichnen wollen.

In der vorliegenden Arbeit untersuchen wir das Energiespektrum des Polarons bei unmittelbarer Berücksichtigung des periodischen Feldes. In der Arbeit [*4*] wurde dieses Problem unter der Voraussetzung behandelt, daß der Einfluß der Polarisation sehr stark ist und daß die effektiven Ausmaße der Elektronenwolke im Polaron von der Größenordnung der Gitterkonstanten sind. Weiter unten nehmen wir uns die Untersuchung eines anderen Grenzfalles zum Ziel, bei dem die Wechselwirkung des Elektrons mit dem Feld ebenfalls adiabatischen Charakter hat [*3*], jedoch die Ausmaße der Elektronenwolke die Gitterkonstante merklich übertreffen. Dieser Fall ist auch deshalb von Interesse, weil er es ermöglicht, einen Zusammenhang mit den Resultaten herzustellen, welche nach der Methode der effektiven Masse erhalten werden [*1*, *5*, *6*].

2. Den Hamilton-Operator des Systems schreiben wir in der Form [*4*]:

$$H = -\frac{\hbar^2}{2m}\Delta_r + U(\boldsymbol{r}) + \sum A_f e^{i(\boldsymbol{f},\boldsymbol{r})} q_f + \frac{1}{2}\sum E(f)\,(q_{-f} q_f + \varepsilon^4 p_{-f} p_f);$$

$$A_f = \frac{1}{f}\sqrt{\frac{4\pi\beta e^2\hbar\omega}{V}}, \quad \beta = \frac{1}{\varkappa_0} - \frac{1}{\varkappa}, \tag{1}$$

wobei $\boldsymbol{r}$ die Elektronenkoordinate, q_f, $\boldsymbol{p}_f$ die Koordinate und den Impuls des $\boldsymbol{f}$-ten Feldoszillators, $E(f)$ und $\hbar\boldsymbol{f}$ Energie und Impuls des Oszillators, $U(\boldsymbol{r})$ das peri-

---

[1]) Žurn. èksper. teor. Fiz. **26**, 545 (1954).

[2]) Weitere einschlägige Literatur siehe [*1*—*3*].

odische Gitterpotential, $\varkappa_0$ und $\varkappa$ die optische bzw. statische Dielektrizitätskonstante, V das Volumen des Grundgebietes und ε einen kleinen Paramter ($\varepsilon \ll 1$) [3] bedeuten.

Für das Weitere ist es in diesem Falle zweckmäßig, die Theorie der adiabatischen Näherung in der in [5, 6] dargestellten Form zu benutzen. Der Arbeit [6] folgend, nehmen wir eine Transformation der Variablen vor:

$$r^\alpha = q^\alpha + \lambda^\alpha, \quad q^\alpha = \varepsilon Q_1^\alpha, \quad q_f = (u_f + \varepsilon Q_f)\, e^{-i(f,q)} \; (\alpha = 1, 2, 3). \tag{2}$$

Da drei neue Veränderliche mehr vorhanden sind $\{\boldsymbol{q}, \lambda, Q_f\}$ als alte $\{\boldsymbol{r}, q_f\}$, erlegen wir den Veränderlichen Q_f drei zusätzliche Bedingungen auf:

$$\sum f^\alpha v_f^* Q_f = 0, \tag{3}$$

und fordern, daß die unbekannten Funktionen v_f, u_f die Orthogonalitätsrelationen

$$\sum f^\alpha f^\beta v_f^* u_f = \delta_{\alpha,\beta} \tag{4}$$

erfüllen.

Nach Ausführung der Transformation (2) kann der Hamilton-Operator (1) in folgender Form geschrieben werden:

$$H = H_0 + \varepsilon H_1 + \varepsilon^2 H_2 + \ldots;$$

$$H_0 = -\frac{\hbar^2}{2m}\Delta_\lambda + U(\lambda + \varepsilon Q_1) + \sum A_f e^{i(f,\lambda)} u_f + \frac{1}{2}\sum E(f)\,|u_f|^2;$$

$$H_1 = \sum \{A_f e^{i(f,\lambda)} + E(f)\, u_{-f}\}\, Q_f;$$

$$H_2 = \frac{1}{2}\sum E(f)\,\{Q_{-f} Q_f + P'_{-f} P'_f\} - \frac{\hbar^2}{2\mu}\Delta_{Q_1}, \tag{5}$$

wobei

$$P'_f = P_f - v_f^* \sum (\boldsymbol{f}, \boldsymbol{g})\, u_g\, P_g, \quad P_f = -i\frac{\partial}{\partial Q_f}, \quad \mu = \frac{\hbar^2}{3}\sum f^2 \frac{|u_f|^2}{E(f)}. \tag{6}$$

Bei der Behandlung des gleichen Problems nach der Methode der effektiven Masse [5, 6] wurde gezeigt, daß die Größe μ, die die Rolle der effektiven Masse des Polarons spielt, in Ionenkristallen die Elektronenmasse bedeutend übertreffen kann. Wir bemerken weiter, daß in (5) die Veränderlichen Q_1 und λ, welche eine Translationsbewegung des Schwerpunktes des Polarons (Q_1) bzw. die fluktuierende Bewegung um ihn (λ) beschreiben, in der gleichen Weise eingehen wie in der Theorie der Moleküle die Koordinaten der Kerne und der Elektronen. In der letzteren ist ein wichtiges Moment, welches die Lösung des Problems wesentlich vereinfacht, die Voraussetzung über die „langsame" Bewegung der Kerne im Vergleich zur Bewegung der Elektronen [7]. Daher ist es für die Bestimmung der Eigenwerte und Eigenfunktionen des Operators (5) zweckmäßig, die Veränderliche Q_1 als „langsame Veränderliche" im Vergleich zu der Variablen λ anzunehmen und damit nochmals die adiabatische Näherung zu benutzen.

Dann erhalten wir

$$\varepsilon Q_1^\alpha = \varkappa Q^\alpha; \quad \varkappa = \varepsilon \sqrt[4]{m/\mu} \quad (\varkappa \ll 1) \tag{7}$$

und entsprechend formen wir (5) um zu

$$H_0 = -\frac{\hbar^2}{2m}\Delta_\lambda - \varkappa^2 \frac{\hbar^2}{2m}\Delta_Q + U(\lambda + \varkappa Q) + V(\lambda) + \frac{1}{2}\sum E(f)\,|u_f|^2;$$

$$H_1 = \sum \{A_f\, e^{i(f,\lambda)} + E(f)\, u_{-f}\}\, Q_f, \quad H_2 = \frac{1}{2}\sum E(f)\,\{Q_{-f}\, Q_f + P'_{-f}\, P'_f\};$$

$$V(\lambda) = \sum A_f\, e^{i(f,\lambda)}\, u_f. \tag{8}$$

Wir bezeichnen mit $\varphi(\lambda, \varkappa Q)$ die Eigenfunktionen der Gleichung

$$\left\{-\frac{\hbar^2}{2m}\Delta_\lambda + U(\lambda + \varkappa Q) + V(\lambda) - W\right\}\varphi(\lambda, \varkappa Q) = 0. \tag{9}$$

Offensichtlich hängen die Eigenfunktionen φ und die Eigenwerte W dieser Gleichung von $\varkappa Q$ als Parameter ab. Da sich der Operator in der Gl. (9) nicht ändert, wenn $\varkappa Q$ in $\varkappa Q + \alpha$ übergeht, wobei α ein beliebiger konstanter Vektor ist, teilbar durch die Periode des Gitters, so sehen wir, daß $W(\varkappa Q)$ eine periodische Funktion seines Argumentes ist.

Jetzt suchen wir eine Lösung der (8) entsprechenden Gleichung nullter Näherung

$$(H_0 - E)\,\psi = 0$$

in der Form

$$\psi(\lambda, Q) = \varphi(\lambda, \varkappa Q)\,\chi(Q), \tag{10}$$

wobei φ die Eigenfunktion von (9) ist. Beachten wir, daß $\nabla_Q \varphi \sim O(\varkappa)$ so sehen wir, daß bis auf Glieder der Größenordnung $\varkappa^2$ einschließlich, die Funktion $\chi(Q)$ sich aus der Gleichung

$$\left\{-\varkappa^2 \frac{\hbar^2}{2m}\Delta_Q + W(\varkappa Q) - E_J\right\}\chi(Q) = 0 \tag{11}$$

bestimmt.

Da die Funktion W die Periodizität des Gitters besitzt, hat das Eigenwertspektrum von (11) bekanntlich Zonencharakter. Dabei sind, wenn man die Funktion $\varkappa$ als Eigenfunktion zum Quasiimpuls J des Polarons ansieht, die Eigenwerte E_J periodische Funktionen von J. Daher ist die Energie des Polarons eine periodische Funktion des Quasiimpulses J, welcher der fortschreitenden Bewegung des Elektrons zusammen mit seiner Polarisationsmulde entspricht.

Zur Bestimmung der restlichen noch unbekannten Funktionen betrachten wir die Gleichung (8) der ersten Näherung. Wenn wir die Bedingung der Unabhängigkeit der Eigenwerte des Operators von den Feldvariablen Q_f [6] benutzen, finden wir, daß

$$u_{-f} = -\frac{A_f}{E(f)}\iint e^{i(f,\lambda)}\,|\psi(\lambda, Q)|^2\, d\lambda\, dQ, \tag{12}$$

wobei ψ die Eigenfunktion (10) der Gleichung der nullten Näherung ist. Setzen wir A_f und u_f (12) in $V(\lambda)$ (8) ein, so erhalten wir den folgenden Ausdruck für das Polarisationspotential

$$V(\lambda) = -\beta e^2 \int \frac{d\lambda'}{|\lambda-\lambda'|} \int |\psi(\lambda', Q)|^2 \, d\boldsymbol{Q}. \tag{13}$$

Wenn wir benutzen, daß $\varphi(\lambda, \varkappa Q)$ für $\varkappa \ll 1$ sich langsam mit der Variablen Q ändert, so können wir näherungsweise setzen

$$V(\lambda) \approx -\beta e^2 \int \frac{|\varphi(\lambda', 0|^2}{|\lambda - \lambda'|} \, d\lambda'. \tag{14}$$

Dabei geht die Gleichung (9), welche die fluktuatorische Bewegung des Elektrons infolge seiner Wechselwirkung mit den Schallquanten (bzw. den Polarisationsschwingungen des Gitters) beschreibt, formal in die Gleichung über, durch welche die bekannte Bewegung beschrieben wird, die von Pekar für das Polaron im periodischen Feld des Gitters erhalten wurde (Gl. (12,3) in [*1*]).

Betrachten wir nun etwas genauer, unter welchen Voraussetzungen unsere Ergebnisse den Resultaten der Berechnung der Polaronenenergie nach der Methode der effektiven Masse entsprechen können. Dazu bemerken wir, daß in dem vorliegenden Falle die fluktuierende Bewegung des Elektrons als so groß vorausgesetzt wird, daß das Elektron über einen Bereich verteilt erscheint, welcher wesentlich größer ist als die Gitterwelle. Dementsprechend kann man annehmen, daß die Funktion φ sich im Mittel bei einer Vermehrung des Arguments um die Gitterkonstante nur wenig ändert. Zur Lösung der Gleichung (9) benutzen wir eine Variationsmethode und nehmen überdies an, daß das periodische Potential als „kleine Störung" betrachtet werden kann.

Setzen wir als nullte Näherung die Lösung der Gleichung

$$\left\{-\frac{\hbar^2}{2m}\Delta_\lambda + U(\lambda) + V(\lambda) - W_0\right\} \varphi_0(\lambda) = 0. \tag{15}$$

Das Störpotential ist

$$\Delta U(\lambda, \varkappa Q) = U(\lambda + \varkappa Q) - U(\lambda).$$

W_0 und φ_0 bestimmen wir aus dem Variationsprinzip

$$W_0 = W_0(\varphi_0) = \frac{\hbar^2}{2m}\int |\nabla \varphi_0(\lambda)|^2 \, d\lambda +$$

$$+ \int U(\lambda) |\varphi_0(\lambda)|^2 \, d\lambda + \int V(\lambda) |\varphi_0(\lambda)|^2 \, d\lambda = \min.$$

Analog schreiben wir für (9) mit (14)

$$W = W(\varphi) = W_0(\varphi) + \int \Delta U |\varphi(\lambda)|^2 \, d\lambda = \min.$$

Da ΔU als Störung betrachtet wird, kann man φ suchen in der Form $\varphi = \varphi_0 + \varphi_1$, wobei φ_1 ein kleiner Beitrag von der Größenordnung ΔU ist. Da die erste Variation von $W_0(\varphi)$ für $\varphi = \varphi_0$ verschwindet wegen der Wahl der Funktion φ_0, so sehen wir, daß bis auf Glieder der Größenordnung ΔU einschließlich, das Minimum von W gleich

$$W = W_0(\varphi_0) + \int \Delta U \,|\, \varphi_0(\lambda)\,|^2 \, d\lambda \tag{15d}$$

ist.

Daher sind die Eigenwerte der Gl. (9) bis auf Glieder erster Ordnung bezüglich ΔU gegeben durch

$$W(\varkappa Q) = W_0 + \int \{U(\lambda + \varkappa Q) - U(\lambda)\}\,|\,\varphi_0(\lambda)\,|^2 \, d\lambda. \tag{16}$$

Setzen wir (16 in (11) ein, so sehen wir, daß die Energie des Polarons gegeben wird durch den Ausdruck

$$E = W_0 + {}^1\!/_2 \sum E(f)\,|\,u_f\,|^2 + E_J, \tag{17}$$

wobei W_0 und E_J die Eigenwerte der Gleichungen (15) bzw. (11) sind und die Größen U_f durch (12) definiert werden. Die ersten beiden Terme (17) ergeben die Senkung der Energieniveaus im Vergleich zur gewöhnlichen Blochschen Zone infolge der Polarisation des Gitters durch das Feld des Elektrons. Dieser Teil entspricht der Energie des sogen. „ruhenden" Elektrons, welches zuerst von PEKAR [*8*, *1*] betrachtet wurde. Das letzte Glied E_J ist eine periodische Funktion des Quasiimpulses J und bedeutet eine Aufspaltung des Grundzustandes infolge seiner der Translationsinvarianz des Problems entsprechenden Entartung. Das heißt, das Energiespektrum des Polarons besitzt Zonencharakter.

Setzen wir in der Gleichung (11) den formalen Entwicklungsparameter ε gleich 1, so können wir die Gleichung auf die Form

$$\left(-\frac{\hbar^2}{2\mu}\Delta_q + W(q) - E_J\right)\chi = 0 \tag{18}$$

bringen. Da nun die Funktion $W(q)$ das durch die Mittelung über die Fluktuationen stark geglättete periodische Gitterpotential (16) ist, können wir mit bekannter Genauigkeit in (18) W als Störung betrachten und daher zur Lösung die Methode des quasifreien Elektrons [*9*] verwenden. Damit gewinnt der Ausdruck für die Energie E_J die Form

$$E_J = \frac{J^2}{2\mu} - \frac{\mu}{2\pi\hbar^2}\sum_{(b)}\frac{|\,W_b\,|^2}{\pi b^2 + (\boldsymbol{b}, \boldsymbol{J})}, \tag{18b}$$

wobei W_b die Fourierkoeffizienten der Funktion $W(q)$ und $\boldsymbol{b}$ die Vektoren des reziproken Gitters sind. Für kleine J läßt sich die Energie E_J in eine Reihe nach J entwickeln: $E_J \approx J^2/2\mu^*$, worin μ^* die effektive Masse des Polarons ist, welche an die Stelle seiner effektiven Feld-Masse μ tritt infolge des Einflusses des periodischen Gitterpotentials. Das Verhältnis μ^*/μ hängt nicht von der Größe W_b ab und wird nur vom Gittertyp und durch die Koeffizienten W_b bestimmt; man kann es näherungsweise gleich 1 setzen. Löst man nun auch die Gleichung (15) in der Näherung der effektiven Masse, so ergibt sich für μ^* mit (6) und (12) folgender Ausdruck

$$\mu^* \approx \mu = \frac{\hbar^2}{3} \sum f^2 \frac{|u_f|^2}{E(f)} \approx 5{,}2 \cdot 10^3 \left(\frac{\beta m^* e^2}{\hbar^2}\right)^3 \frac{\beta e^2}{\omega^2}, \tag{19}$$

welcher mit den entsprechenden Ausdrücken für μ^* identisch ist, die nach der Methode der effektiven Masse erhalten wurden [*10*, *5*, *6*]. Daher ergibt unsere Berechnung für den unteren Teil des Spektrums dasselbe Ergebnis, welches die Rechnung liefert, die von vornherein die Methode der effektiven Masse benutzt.

In der Näherung des quasifreien Elektrons überlappen sich die Zonen für gewöhnlich. Daher ist es möglich, das faktisch ein kontinuierliches Spektrum vorliegt. Seinem Wesen nach hat es jedoch Zonencharakter, was man im Auge behalten muß bei der Betrachtung von Fragen, welche mit der Abzählung der Zustände zusammenhängen.

3. Unter der Einwirkung verschiedener Störungen kann das Elektron sein Polarisationsloch verlassen, also vom „Polaronen“-Zustand in den „freien“ Zustand übergehen, d. h. einen Zustand, in dem es von keinem Polarisationsloch begleitet wird. Offensichtlich bilden die freien Zustände des Elektrons die gewöhnlichen Blochschen Zonen. Die Energie, welche zur Depolarisation des Polarons notwendig ist, hängt, wie von PEKAR [*1*] gezeigt wurde, von dem Prozeß ab, durch welchen sie aufgebracht wird. Nach [*1*] ist im allgemeinen das Verhältnis der Photodissoziationsenergie zur thermischen Dissoziationsenergie des Polarons gleich 3:1. Das gleiche Resultat ergibt auch eine neuere Arbeit [*11*]. Man muß jedoch bemerken, daß dieses Ergebnis, wenngleich qualitativ richtig, quantitativ jedoch nicht vollständig korrekt ist infolge der Anwendung der Methode der effektiven Masse. Um dies zu zeigen, wenden wir das Verfahren der Arbeit [*1*] auf den oben betrachteten Fall an.

Wie unmittelbar ersichtlich, ist die thermische Dissoziationsenergie E_{therm} gleich der Energie des Systems (17), wenn sich das Elektron im Polaronenzustand befindet. Mit (15) erhalten wir folgenden Ausdruck für E_{therm}:

$$E_{\text{therm}} = E = W_0 - {}^1/_2\, \overline{V}. \tag{20}$$

Die optische Dissoziationsenergie E_{opt} ist gleich der Energie W_0 des Elektrons auf einem diskreten Niveau im Polarisationsloch. Gemäß (15) erhalten wir

$$E_{\text{opt}} = W_0 = \overline{T} + \overline{U} + \overline{V}. \tag{21}$$

Den Ausdruck (20) für die Energie E des Systems kann man als funktional bezüglich der Funktion φ auffassen, welches ein Minimum wird für Funktionen, die der Gleichung (15) genügen. Wir führen in E statt der Funktionen $\varphi(\lambda)$ die Funktionen $\chi(\lambda)$ ein, die durch folgende Beziehungen definiert werden:

$$\chi(\lambda) = \alpha^{3/2} \varphi(\alpha\lambda); \quad \int |\chi(\lambda)|^2 \, d\lambda = 1. \tag{21a}$$

Dann gewinnt E die Form $E = \alpha^2\overline{T} + \alpha\overline{U} + (\alpha/2)\overline{V}$, und da E einen Extremalwert annimmt für $\alpha = 1$, erhalten wir daraus

$$2\overline{T} + \overline{U} + {}^1/_2\, \overline{V} = 0. \tag{22}$$

Setzen wir (22) in (20) und (21) ein, so finden wir

$$E_{\text{therm}} = -\overline{T}; \quad E_{\text{opt}} = -3\overline{T} - \overline{U}. \tag{23}$$

Da U und V negativ sind, sieht man leicht, das das Verhältnis der optischen zur thermischen Dissoziationsenergie zwischen den Grenzen

$$1 \leq |E_{\text{opt}}/E_{\text{therm}}| \leq 3 \tag{24}$$

liegt.

Dieses Verhältnis ist gleich 1, wenn man die Polarisation vernachlässigt ($E_{\text{opt}} \to E_{\text{therm}} \to 0$), und gleich 3, wenn man in der Gleichung (15) das periodische Potential vernachlässigt und zur Näherung der effektiven Masse übergeht. Man muß bemerken, daß der Grenzübergang zu verschwindender Polarisation allgemein keinen Sinn hat, da dabei die Bedingungen der Anwendbarkeit der adiabatischen Näherung verletzt werden.

4. Die oben gewonnenen Resultate erlauben, wie uns scheint, den Schluß, daß das Energiespektrum des Polarons Zonencharakter besitzt, und in dieser Hinsicht sind sie den Ergebnissen der üblichen Betrachtung des Einelektronenproblems analog (ohne Berücksichtigung der Polarisation). Dabei ist dieser Zonencharakter sehr eigenartig, bei Problemen wie der Lichtabsorption spielen die verschiedenen diskreten Niveaus des Elektrons in seinem Polarisationsloch eine wichtigere Rolle. Darauf deuten speziell die verschiedenen Energien für die thermische und die optische Dissoziation des Polarons hin.

Abschließend muß man bemerken, daß ein gewisser Mangel der angegebenen Ergebnisse in der Anwendung mikroskopischer Begriffe zur Beschreibung des Gitters einerseits und makroskopischer Größen für seine Wechselwirkung mit dem Elektron andererseits besteht. Insofern jedoch unsere Betrachtung im Rahmen der zugrunde gelegten Modellvorstellungen allgemein nur qualitative Ergebnisse für sich in Anspruch nehmen kann, ist dieser Einwand hier wohl kaum von Gewicht.

Zum Schluß benutze ich die Gelegenheit, N. N. BOGOLJUBOV für die Besprechung der Arbeit und eine Reihe wertvoller Bemerkungen zu danken.

Math. Institut der Ak. d. W. UdSSR
Bei der Redaktion eingeg.
8. Oktober 1953

LITERATUR

[1] S. I. PEKAR, Untersuchungen zur Elektronentheorie der Kristalle, 1951; deutsch im Akademie-Verlag, Berlin 1954.
[2] H. FRÖHLICH, H. PELZER, S. ZIENAU, Phil. Mag. **41**, 221 (1950).
[3] S. V. TJABLIKOV, Žurn. èksper. teor. Fiz. **22**, 513 (1952; deutsch in diesem Band S. 45.
[4] S. V. TJABLIKOV, Žurn. èksper. teor. Fiz. **23**, 381 (1952); deutsch in diesem Band S. 53.
[5] N. N. BOGOLJUBOV, Ukr. mat. Žurn. **2**, 3 (1950); deutsch in diesem Band S. 1.
[6] S. V. TJABLIKOV, Žurn èksper. teor. Fiz. **21**, 377 (1950); deutsch in diesem Band S. 23.
[7] M. BORN, R. OPPENHEIMER, Ann. Phys. **84**, 457 (1927).
[8] S. I. PEKAR, Žurn. èksper. teor. Fiz. **16**, 335 (1946).
[9] A. WILSON, Quantum Theory of Metals, Cambridge 1936.
[10] L. D. LANDAU, S. I. PEKAR, Žurn. èksper. teor. Fiz. **18**, 419 (1948).
[11] A. MORITA, Progr. Theor. Phys. **5**, 329 (1950).

Die Zustandssumme für die Leitungselektronen in Halbleitern[1])

Von M. A. Krivoglaz und S. I. Pekar

I. Schwache Wechselwirkung der Elektronen mit den Gitterschwingungen

Die Quantenzustände der Leitungselektronen unter Berücksichtigung ihrer Wechselwirkung mit den Schwingungen des Kristallgitters sind in einer Reihe von Arbeiten untersucht worden. In allen diesen Arbeiten sind Methoden benutzt worden, welche nur bei nicht zu hohen Temperaturen brauchbar sind. In der Theorie der Polaronen mit starker Kopplung wird diese Beschränkung der Temperaturen durch

$$|J_0| \gg \left(\bar{n} + \frac{1}{2}\right) \hbar \omega \tag{1}$$

(s. [1], Formeln (16), (42)) zum Ausdruck gebracht.

Dabei ist ω die Frequenz der longitudinalen Polarisationsschwingungen des Gitters, $\bar{n}$ die mittlere Besetzungszahl der diesen Schwingungen entsprechenden Oszillatoren und J_0 die Energie des Grundzustandes des Polarons. Für Ionenkristalle mit starker Kopplung, z. B. für einige Alkalihalogenide, besagt die Ungleichung (1), daß $\bar{n}$ einige Einheiten betragen kann, d. h. die Temperatur kann praktisch noch beliebig hoch sein.

Wesentlich schlimmer ist die Situation in den vorliegenden Arbeiten für schwache Kopplung, wo alle bisher benutzten Methoden voraussetzen, daß

$$\bar{n} \ll 1 \tag{2}$$

ist (s. z. B. [2—6]), was in realen Kristallen für Temperaturen wesentlich unter der Zimmertemperatur erfüllt ist.

Im folgenden wird gezeigt, daß die Methode der schwachen Kopplung (Entwicklung nach Potenzen der Kopplungskonstanten für die Wechselwirkung zwischen den Leitungselektronen und den Gitterschwingungen) keineswegs eine Beschränkung auf tiefe Temperaturen verlangt, sondern im Falle der Ionenkristalle sogar das Gegenteil, diese Methode wird durch hohe Temperaturen begünstigt. Bei Erhöhung der Temperatur wird die Konvergenz der Entwicklung in der Theorie der schwachen Kopplung verbessert und der Gültigkeitsbereich dieser Theorie vergrößert und auf Kristalle mit mittlerer Kopplung ausgedehnt. Die Beschränkung (2) der Temperatur wird also allgemein nicht vorausgesetzt in der Methode der schwachen Kopplung, sondern nur notwendig in speziellen bisher verwendeten Formen der Theorie.

In einer Reihe der vorliegenden Arbeiten zum Polaron wird eine direkte Variationsmethode [2, 4, 5, 7—9] verwendet, sie gestattet nur die Berechnung

[1]) Izvestija Akad. Nauk SSSR, Ser. Fiz. **21**, 3 (1957).

des niedrigsten Teiles des Energiespektrums des Systems, was die Berechnung z. B. der Zustandssumme der Ladungsträger erschwert, durch welche alle thermodynamischen Funktionen der Leitungselektronen ausdrückbar sind. Die im folgenden dargelegte Methode erlaubt die Berechnung der Zustandssumme der Leitungselektronen für beliebig hohe Temperaturen.

Die im folgenden verwendete Methode werden wir der Kürze halber die Spurmethode nennen. Ihre Grundidee besteht darin, daß man einen Operator konstruiert, dessen Spur oder dessen Grenzwert oder dessen Entwicklungskoeffizienten gleich den gesuchten physikalischen Größen sind. Bekanntlich ist die Spur eines Operators invariant gegen unitäre Transformationen, d. h. es kommt nicht darauf an, mit welchem vollständigen Orthogonalsystem von Funktionen man sie berechnet. Daher kann man die Spur eines Operators in einem beliebigen vollständigen Orthogonalsystem berechnen, für welches man keine Wellengleichung zu lösen bzw. keine Eigenfunktionen eines Operators aufzusuchen braucht, welche das Problem beschreiben. Darin liegt die technische Überlegenheit der Spurmethode im Vergleich zu anderen Methoden der Quantenmechanik.

Ist zum Beispiel die gesuchte physikalische Größe die Zustandssumme Z eines Systems, so kann man sie berechnen als Spur des Operators $e^{-\lambda H}$, wobei $\lambda = 1/kT$ und H der Hamilton-Operator des Systems ist. Die mittlere thermodynamische Energie $\overline{E}$ des Systems ergibt sich bekanntlich aus der Zustandssumme nach der Formel

$$\overline{E} = -\frac{d}{d\lambda} \ln Z. \tag{3}$$

Den tiefsten Energiewert des Systems erhält man als Grenzwert der Größe (3) für $G \to 0$ d. h. $\lambda \to \infty$. Man kann also die Energie des Grundzustandes eines Systems berechnen, ohne eine Wellengleichung zu lösen.

Die Bewegung eines Leitungselektrons in Wechselwirkung mit den Gitterschwingungen wird beschrieben durch den Hamilton-Operator

$$H = -\frac{\hbar^2}{2\mu} \Delta + \sum_{\varkappa} \hbar \omega_\varkappa a_\varkappa^+ a_\varkappa + \sum_{\varkappa} (V_\varkappa a_\varkappa e^{i\varkappa \boldsymbol{r}} + V_\varkappa^* a_\varkappa^+ e^{-i\varkappa \boldsymbol{r}}). \tag{4}$$

Dabei ist $\boldsymbol{r}$ die Koordinate des Leitungselektrons, μ seine effektive Masse (für festgehaltene Gitteratome), $\omega_\varkappa$ die Eigenfrequenzen der Gitterschwingungen, $a_\varkappa^+$ und $a_\varkappa$ die Erzeugungs- bzw. Vernichtungsoperatoren für die Phononen, $v_\varkappa$ die Kopplungskonstante für die Normalschwingung zum Index $\varkappa$. Die Form der Koeffizienten wird im folgenden konkretisiert für verschiedene Typen von Kristallen.

Die im folgenden dargestellte Methode kann auch zur Lösung anderer Probleme verwendet werden, welche durch einen Hamilton-Operator der Form (4) beschrieben werden, z. B. für das Problem eines Nukleons in Wechselwirkung mit einem Mesonfeld.

Im Falle schwacher Kopplung wird das Glied

$$H_1 = H - H_0 = \sum_{\varkappa} (V_\varkappa a_\varkappa e^{i\varkappa \boldsymbol{r}} + V_\varkappa^* a_\varkappa^+ e^{-i\varkappa \boldsymbol{r}}) \tag{5}$$

des Hamilton-Operators als kleine Störung behandelt. Zur Berechnung der Zustandssumme kann man in diesem Falle eine Formel von SCHWINGER [10] benutzen, welche eine Entwicklung der Spur des Operators $e^{-\lambda(H_0+H_1)}$ nach einer Kopplungskonstanten, welche in H_1 als Faktor eingeht, darstellt:

$$Z = Z^{(0)} + Z^{(1)} + Z^{(2)} + \cdots + Z^{(p)} + \cdots = \operatorname{sp} e^{-\lambda H_0} + (-\lambda) \operatorname{sp} H_1 e^{-\lambda H_0} +$$

$$+ \frac{(-\lambda)^2}{2} \int_0^1 du_1 \operatorname{sp} H_1 e^{-\lambda H_0 (1-u_1)} H_1 e^{-\lambda H_0 u_1} + \cdots +$$

$$+ \cdots + \frac{(-\lambda)^p}{p} \int_0^1 u_1^{p-2} du_1 \int_0^1 u_2^{p-3} du_2 \ldots \int_0^1 du_{p-1} \operatorname{sp} H_1 e^{-\lambda H_0 (1-u_1)} \times$$

$$\times H_1 e^{-\lambda H_0 u_1 (1-u_2)} H_1 e^{-\lambda H_0 u_1 u_2 (1-u_3)} \ldots$$

$$\ldots H_1 e^{-\lambda H_0 u_1 u_2 \ldots u_{p-2} (1-u_{p-1})} H_1 e^{-\lambda H_0 u_1 u_2 \ldots u_{p-}} + \ldots \tag{6}$$

Betrachten wir das allgemeine Glied dieser Entwicklung. Stellen wir $Z^{(p)}$ dar als Summe von einzelnen Gliedern, welche die Faktoren $\ldots a_\varkappa^+ \ldots a_\varkappa \ldots$ in verschiedener Reihenfolge enthalten, so ist die Spur von Null verschieden nur für solche Summanden, welche zu jedem gegebenen $\varkappa$ eine gleiche Anzahl von Faktoren $a_\varkappa$ und $a_\varkappa^+$ enthalten. Das findet man leicht, wenn man die Spur betrachtet im Orthogonalsystem der Funktionen

$$\psi_{\boldsymbol{k} n} = \frac{1}{\sqrt{V}} e^{i \boldsymbol{k} \boldsymbol{r}} \prod_\varkappa \Phi_{n_\varkappa}, \tag{7}$$

wobei $\Phi_{n_\varkappa}$ die Eigenfunktionen der Operatoren $\bar{n}_\varkappa = a_\varkappa^+ a_\varkappa$ sind: $\bar{n}_\varkappa \Phi_{n_\varkappa} = n_\varkappa \Phi_{n_\varkappa}$; V ist das Grundgebiet des Kristalls. Daraus folgt, daß $Z^{(p)}$ nur für geradzahliges p von Null verschieden ist.

Aus dem Gesagten ergibt sich ebenfalls, daß, wenn ein nicht verschwindender Summand den Operator-Faktor $a_\varkappa$ enthält, er auch den Faktor $a_\varkappa^+$ zum selben Index $\varkappa$ enthalten muß. Daher erhält man in $Z^{(p)}$ als Ergebnis der Multiplikation der p Faktoren H_1 nicht eine p-fache, sondern eine $p/2$-fache Summe bezüglich $\varkappa$. Wir können also $Z^{(p)}$ schreiben in der Form

$$Z^{(2m)} = \frac{(\lambda)^{2m}}{2m} \int_0^1 u_1^{2m-2} du_1 \int_0^1 u_2^{2m-3} du_2 \ldots \int_0^1 du_{2m-1} \sum_{\varkappa_1, \varkappa_2 \ldots \varkappa_m} Q |V_{\varkappa_1}|^2 |V_{\varkappa_2}|^2 \ldots$$

$$\ldots |V_{\varkappa_m}|^2 \operatorname{sp} e^{-\lambda H_0 (1-u_1)} a_\varkappa^+ e^{-i \varkappa_1 \boldsymbol{r}} \ldots e^{-\lambda H_0 u_1 u_2 \ldots u_{m-1} (1-u_m)} \times$$

$$\times a_{\varkappa_m}^+ e^{-i \varkappa_m \boldsymbol{r}} e^{-\lambda H_0 u_1 \ldots u_m (1-u_{m+1})} a_{\varkappa_1} e^{i \varkappa_1 \boldsymbol{r}} \ldots e^{-\lambda H_0 u_1 \ldots u_{2m-2} (1-u_{2m-1})} \times$$

$$\times a_{\varkappa_{2m-1}} e^{i \varkappa_{2m-1} \boldsymbol{r}} e^{-\lambda H_0 u_1 \ldots u_{2m-1}} a_{\varkappa_m} e^{i \varkappa_m \boldsymbol{r}} . \tag{8}$$

Dabei ist Q die Summe aller Permutationen der Operatoren $a_{\varkappa_i} e^{i\varkappa_i r}$ mit $a_{\varkappa_j} e^{i\varkappa_j r}$ und mit $a^+_{\varkappa_l} e^{-i\varkappa_l r}$, doch nur solchen bei denen $a^+_{\varkappa_1} e^{-i\varkappa_1 r}$ links von $a^+_{\varkappa_2} e^{-i\varkappa_2 r}$ und dieses links von $a^+_{\varkappa_3} e^{-i\varkappa_3 r}$ usw. steht. Das heißt die $a^+_{\varkappa_i} e^{-i\varkappa_i r}$ stehen in der Reihenfolge wachsender Indices i (das bezieht sich jedoch nicht auf die Operatoren $a_{\varkappa_i} e^{i\varkappa_i r}$).

Berechnet man in (8) die Spur im System der Orthogonalfunktionen (7), so erhält man nach Integration über $\boldsymbol{k}$ und Summation über $n_\varkappa$ sowie über die beiden möglichen Spinorientierungen des Elektrons:

$$Z^{(2m)} = \frac{(\lambda)^{2m}}{2m} Z^{(0)} \int_0^1 u_1^{2m-2} du_1 \ldots \int_0^1 du_{2m-1} \sum_{\varkappa_1, \varkappa_2 \ldots \varkappa_m} \overline{Q} |V_{\varkappa_1}|^2 |V_{\varkappa_2}|^2 \ldots$$

$$\ldots |V_{\varkappa_m}|^2 \begin{bmatrix} \overline{n}_{\varkappa_1} \\ \overline{n}_{\varkappa_1} + 1 \end{bmatrix} \cdots \begin{bmatrix} \overline{n}_{\varkappa_m} \\ \overline{n}_{\varkappa_m} + 1 \end{bmatrix} \exp \Bigl\{ \lambda \Bigl[\frac{1}{2\mu} (u_1 g'_{2m} + u_1 u_2 g'_{2m-1} + \cdots$$

$$\cdots + u_1 \ldots u_{2m-1} g'_2)^2 + u_1 \left(\frac{g'_{2m}}{2\mu} (g_{2m} + g_{2m-1}) + \delta_{2m} \right) + \cdots$$

$$\cdots + u_1 \ldots u_{2m-1} \left(\frac{g'_2}{2\mu} (g_2 + g_1) + \delta_2 \right) \Bigr] \Bigr\}, \tag{9}$$

wobei

$$\overline{n}_\varkappa = \frac{1}{e^{\lambda \hbar \omega_\varkappa} - 1} \quad \text{und} \quad Z^{(0)} = 2V \left(\frac{\mu}{2\pi \hbar^2 \lambda} \right)^{3/2} \prod_\varkappa \frac{1}{1 - e^{-\lambda \hbar \omega_\varkappa}}. \tag{10}$$

Hierin bezeichnet $\overline{Q}$ das Ergebnis der Aufsummation aller oben beschriebenen Folgen von Operatoren $a^+_\varkappa e^{-i\varkappa r}$ und $a_{\varkappa'} e^{i\varkappa' r}$ in Formel (8).

In der Klammer $\begin{bmatrix} \overline{n}_\varkappa \\ \overline{n}_\varkappa + 1 \end{bmatrix}$ muß man den oberen Wert nehmen, wenn in einem Summanden $a_\varkappa$ rechts von $a^+_\varkappa$ steht, im anderen Falle den unteren. Es mögen nun die in einem Summanden der Summe (8) stehenden Operatoren $a^+_\varkappa$, $a_{\varkappa'}$ von rechts nach links durch den Index ν numeriert werden. Dann bezeichnet g'_ν die Änderung des Impulses der Phononen infolge der Erzeugung oder Vernichtung eines Phonons, je nach dem, ob an der ν-ten Stelle der Operator $a^+_\varkappa$ oder $a_\varkappa$ steht, im ersten Falle ist $g'_\nu = \hbar \varkappa$, im zweiten $g'_\nu = -\hbar \varkappa$.

$$g_\nu = \sum_{\nu_1 = 1}^{\nu} g'_{\nu_1}$$

$$\delta_\nu = \begin{cases} + \hbar \omega_\varkappa \text{ wenn auf dem } \nu\text{-ten Platz } a^+_\varkappa \text{ steht,} \\ - \hbar \omega_\varkappa \text{ wenn auf dem } \nu\text{-ten Platz } a_\varkappa \text{ steht.} \end{cases}$$

So ist z. B. bei der Berechnung von $Z^{(6)}$ für die Folge

$$a^+_{\varkappa_1} \ldots a_{\varkappa_3} \ldots a_{\varkappa_2} \ldots a^+_{\varkappa_2} \ldots a^+_{\varkappa_3} \ldots a_{\varkappa_1}$$

$$g'_4 = -\hbar \varkappa_2, \quad g_4 = \hbar (\varkappa_3 - \varkappa_1), \quad \delta_4 = -\hbar \omega_{\varkappa_3}.$$

Falls $V_\varkappa$ eine homogene Funktion von $\varkappa$ ist vom Grade $s\,(V_\varkappa \sim \varkappa^s)$ und $\omega_\varkappa$ eine homogene Funktion von $\varkappa$ vom Grade $l\,(\omega_\varkappa \sim \varkappa^l)$, so kann man für den Grenzfall hoher Temperaturen $kT = 1/\lambda \gg \hbar\,\omega_\varkappa$ die Temperaturabhängigkeit von $Z^{(2m)}$ bestimmen. Dazu muß man in dem Ausdruck (9) von den Variablen $\varkappa$ zu neuen Variablen $\varkappa' = \sqrt{\lambda}\,\varkappa$ übergehen und dann λ gegen Null streben lassen, was dem Grenzfall hoher Temperaturen entspricht. Dabei verschwinden im Exponenten die Summanden $\lambda\,\delta_\nu$ und alle übrigen Summanden hängen, in den neuen Variablen ausgedrückt, nicht von $\varkappa$ ab, sofern sie quadratisch in λ sind.

Da für hohe Temperaturen

$$\begin{bmatrix} \overline{n}_\varkappa \\ \overline{n}_\varkappa + 1 \end{bmatrix} \to \frac{1}{\lambda\,\hbar\,\omega_\varkappa} \sim \frac{1}{\lambda\,\varkappa_t}$$

ebenfalls eine homogene Funktion in $\varkappa$ ist, kommen durch die Einführung der neuen Variablen alle Faktoren λ vor das Integralzeichen, und das Integral hängt danach nicht mehr von λ ab. So ergibt sich

$$Z^{(2m)} = A^{(2m)} \left(b^2 \lambda^{\frac{t}{2} - s - \frac{1}{2}}\right)^m Z^{(0)}(\lambda), \tag{11}$$

wobei b die Kopplungskonstante ist, welche in alle $V_\varkappa$ als Faktor eingeht und $A^{(2m)}$ eine Konstante, welche weder von der Kopplungskonstanten noch von der Temperatur abhängig ist. Daher schreitet die Entwicklung in Wahrheit nach Potenzen der Größe

$$b^2 \lambda^{\frac{t}{2} - s - \frac{1}{2}} \tag{12}$$

fort, und falls

$$\frac{t}{2} - s - \frac{1}{2} > 0,$$

wächst die Güte der Konvergenz mit steigender Temperatur.

In der oben ausgeführten Untersuchung der Temperaturabhängigkeit von $Z^{(2m)}$ war vorausgesetzt, daß die Funktion unter dem Integral mit wachsenden Größen $\varkappa_1 \ldots \varkappa_m$ hinreichend stark verschwindet, so daß die Integration über den ganzen unendlichen $\varkappa$-Raum ausgeführt werden kann. Andernfalls muß die Integration im $\varkappa$-Raum bis zu einem gewissen maximalen $\varkappa_{\max}$ ausgeführt werden, welches der kleinsten möglichen Wellenlänge der Gitterschwingungen entspricht. Dabei erweist sich nach dem Übergang zu den neuen Variablen $\varkappa' = \sqrt{\lambda}\,\varkappa$ die Integrationsgrenze im $\varkappa'$ Raum als abhängig von λ, und folglich ist $A^{(2m)}$ in Formel (11) temperaturabhängig.

Das Glied $Z^{(0)}$ ergibt sich aus der einfachen Formel (10). Wenden wir uns nun einer ausführlicheren Berechnung des nächsten Gliedes $Z^{(2)}$ der Entwicklung zu.

In diesem Falle ergibt sich nach Formel (9)

$$Z^{(2)} = \frac{\lambda^2}{2} Z^{(0)} \int_0^1 du \sum_\varkappa |V_\varkappa|^2 \exp\left\{-\lambda \frac{\hbar^2 \varkappa^2}{2\mu}(1-u)\,u\right\} \times$$

$$\times \left[\overline{n}_\varkappa e^{\lambda\hbar\,\omega_\varkappa u} + (\overline{n}_\varkappa + 1)\, e^{-\lambda\hbar\,\omega_\varkappa u}\right]. \tag{13}$$

Mit der Substitution

$$u = \frac{1+v}{2}$$

erhält man

$$Z^{(2)} = \frac{\lambda^2}{2} Z^{(0)} \int_0^1 dv \sum_{\varkappa} |V_\varkappa|^2 \exp\left\{-\lambda \frac{\hbar^2 \varkappa^2}{8\mu}(1-v^2)\right\} \frac{\operatorname{ch} \frac{1}{2}\lambda\hbar\omega_\varkappa v}{\operatorname{sh} \frac{1}{2}\lambda\hbar\omega_\varkappa}. \quad (14)$$

Bei der weiteren Berechnung muß man von der konkreten Form der Abhängigkeit der Größen $V_\varkappa$ und $\omega_\varkappa$ von $\varkappa$ Gebrauch machen, welche den verschiedenen Typen der Wechselwirkung des Elektrons mit den Gitterschwingungen und den verschiedenen Dispersionsgesetzen für die Frequenzen der Eigenschwingungen des Gitters entspricht.

Kristalle mit Ionengitter

In diesem Falle steht das Leitungselektron hauptsächlich mit den longitudinalen Polarisationsschwingungen in Wechselwirkung. Beschränken wir uns zunächst darauf, daß eine wesentliche Wechselwirkung nur mit einem Zweig der Polarisationsschwingungen eines kubischen Gitters besteht. Mittels der folgenden Rechnungen kann man zeigen, daß die langwelligen Schwingungen mit geringer Dispersion den Hauptanteil zur Wechselwirkung der Gitterschwingungen mit dem Elektron beitragen. Daher können wir $\omega_\varkappa$ durch die Grenzfrequenz ω der Schwingungen ersetzen. In diesem Falle gewinnt $V_\varkappa$ die Form

$$V_\varkappa = \frac{e}{|\varkappa|}\sqrt{\frac{2\pi\hbar\omega c}{V}}, \qquad c = \frac{1}{n^2} - \frac{1}{\varepsilon}, \quad (15)$$

wobei ε die Dielektrizitätskonstante und n der Brechungsindex ist.
Setzen wir dies in (14) ein und gehen wir von der Summe $\sum_\varkappa \{\ldots\}$ zum Integral

$$\frac{V}{2\pi^2}\int_0^\infty \varkappa^2 d\varkappa \{\ldots\}$$

über, und erinneren wir uns, daß gilt [11]

$$\int_0^1 \frac{\operatorname{ch} \frac{1}{2}\lambda\hbar\omega v}{\sqrt{1-v^2}} dv = \frac{\pi}{2} I_0\left(\frac{1}{2}\lambda\hbar\omega\right) \quad (16)$$

(I_0 = Bessel-Funktion zum Index Null vom imaginären Argument $I_0(z) = j_0(iz)$), so erhalten wir

$$Z^{(2)} = Z^{(0)} \frac{\sqrt{\pi}\, e^2 \omega c \sqrt{\mu}\, \lambda^{3/2}}{2\sqrt{2}\operatorname{sh}\left(\frac{1}{2}\lambda\hbar\omega\right)} I_0\left(\frac{1}{2}\lambda\hbar\omega\right) = Z^{(0)} \frac{\sqrt{\pi}}{2} (\lambda\hbar\omega)^{3/2} \frac{I_0\left(\frac{1}{2}\lambda\hbar\omega\right)}{\operatorname{sh}\left(\frac{1}{2}\lambda\hbar\omega\right)} \alpha. \quad (17)$$

Hierin ist

$$\alpha = \frac{ce^2}{2\hbar}\sqrt{\frac{2\mu}{\hbar\omega}} \tag{18}$$

das Quadrat der dimensionslosen Kopplungskonstanten, welche in einer Reihe von Arbeiten zur schwachen Kopplung auftritt.

Bis auf Glieder der Ordnung α einschließlich ist

$$\ln Z = \ln(Z^{(0)} + Z^{(2)} + \cdots) = \ln Z^{(0)} + \frac{\sqrt{\pi}}{2}(\lambda\hbar\omega)^{3/2}\frac{I_0\left(\frac{1}{2}\lambda\hbar\omega\right)}{\operatorname{sh}\left(\frac{1}{2}\lambda\hbar\omega\right)}\alpha + \cdots \tag{19}$$

Jetzt kann man nach Formel (3) die mittlere thermodynamische Energie des Systems berechnen:

$$\overline{E} = \overline{E}^{(0)} - \frac{\sqrt{\pi}}{4}\frac{\lambda^{1/2}(\hbar\omega)^{3/2}}{\operatorname{sh}\left(\frac{1}{2}\lambda\hbar\omega\right)}\left\{3I_0\left(\frac{1}{2}\lambda\hbar\omega\right) - \right.$$

$$\left. - \lambda\hbar\omega\left[I_0\left(\frac{1}{2}\lambda\hbar\omega\right)\operatorname{cth}\left(\frac{1}{2}\lambda\hbar\omega\right) - I_1\left(\frac{1}{2}\lambda\hbar\omega\right)\right]\right\}\alpha, \tag{20}$$

wobei $\overline{E}^{(0)}$ die mittlere Energie des Systems bei Abwesenheit einer Wechselwirkung des Elektrons mit den Gitterschwingungen ist.

Benutzen wir den Ausdruck (19) für $\ln Z$, so können wir mühelos alle übrigen thermodynamischen Funktionen des Systems berechnen.

Wir approximieren die Formeln für die Grenzfälle hoher und tiefer Temperaturen. Für hohe Temperaturen, wenn $kT \gg \hbar\omega$ bzw. $\lambda\hbar\omega \ll 1$ ist, gilt

$$I_0\left(\frac{1}{2}\lambda\hbar\omega\right) \approx 1, \quad I_1\left(\frac{1}{2}\lambda\hbar\omega\right) \approx \frac{1}{4}\lambda\hbar\omega,$$

$$\ln Z = \ln Z^{(0)} + \sqrt{\pi}(\lambda\hbar\omega)^{1/2}\alpha, \tag{21}$$

$$\overline{E} = \overline{E}^{(0)} - \frac{\sqrt{\pi}}{2}\left(\frac{\hbar\omega}{\lambda}\right)^{1/2}\alpha. \tag{22}$$

Für Ionenkristalle haben die Parameter in der Formel (12) folgende Werte: $s = -1$, $t = 0$. Folglich schreitet in diesem Falle die Entwicklung nach Potenzen von

$$\frac{b^2}{\sqrt{T}} \sim \frac{\alpha}{\sqrt{T}} \tag{23}$$

fort.

Daher nimmt mit steigender Temperatur die Güte der Konvergenz zu, und der Gültigkeitsbereich der Theorie für die schwache Kopplung wird erweitert.

Für Temperaturen $kT \ll \hbar\omega$ bzw. $\lambda\hbar\omega \gg 1$ haben wir

$$I_0\left(\frac{\lambda}{2}\hbar\omega\right) = \frac{e^{\frac{\lambda}{2}\hbar\omega}}{\sqrt{\pi\lambda\hbar\omega}}\left\{1 + \frac{1}{4\lambda\hbar\omega} + \cdots + \frac{[(2k-1)!!]^2}{k!\,(4\lambda\hbar\omega)^k} + \cdots\right\}, \tag{24}$$

$$Z = Z^{(0)}\left\{1 + \alpha\lambda\hbar\omega + \frac{\alpha}{4} + \cdots + \frac{\alpha}{4}\,\frac{[(2k-1)!!]^2}{k!\,(4\lambda\hbar\omega)^{k-1}} + \cdots\right\}, \tag{25}$$

$$\overline{E} = \overline{E}^{(0)} - \alpha\hbar\omega + \frac{9}{32}\,\frac{\alpha}{\hbar\omega\lambda^2} + \cdots. \tag{26}$$

Für $T \to 0$ geht $\overline{E}$ nach Formel (26) in die Energie E_0 des Grundzustandes des Systems über.

Die oben dargestellte Spurmethode gestattet, nicht nur die Zustandssumme und die Energie des Grundzustandes des Systems, sondern auch die Abhängigkeit der Energie des Systems von seinem Gesamtimpuls am absoluten Nullpunkt zu berechnen. Dazu muß man sich erinnern, daß die Wechselwirkung des Elektrons mit den Gitterschwingungen als kleine Störung den Charakter des Energiespektrums des Systems nicht beeinflussen darf. Genau wie bei fehlender Wechselwirkung muß der Gesamtimpuls $\boldsymbol{P}$ eine eindeutige, stetige Quantenzahl sein (der Gesamtimpuls $\boldsymbol{P}$ ist eine Konstante der Bewegung auch bei vorhandener Wechselwirkung). Die Abhängigkeit der Energie vom Impuls muß für isotrope Polarisierbarkeit des Kristalls die Form

$$E(P, l) = \mathcal{E}_0(l) + P^2\mathcal{E}_2(l) + P^4\mathcal{E}_4(l) + \cdots \tag{27}$$

haben. Dabei steht l für die Gesamtheit der diskreten Quantenzahlen des Systems.

Wir berechnen nun die Zustandssumme für ein System mit einem Energiespektrum der Form (27). Bei der Summation über l kann man sich auf das erste Glied beschränken, welches der tiefsten Energie bei einem gegebenen Impuls entspricht, da die folgenden Glieder bei tiefen Temperaturen im Vergleich zum ersten exponentiell verschwinden. Im folgenden werden wir unter $\mathcal{E}_0, \mathcal{E}_2, \mathcal{E}_4, \ldots$ die Koeffizienten der Entwicklung (27) bei diesem Wert von l verstehen. Beachten wir, daß $\mathcal{E}_0$ mit der Energie des Grundzustandes des Systems identisch ist, welche nach (26) gleich

$$E_0 = E_0^{(0)} - \alpha\hbar\omega \tag{28}$$

ist, wobei $E_0^{(0)}$ das tiefste Niveau des Systems bei fehlender Wechselwirkung ist, so erhalten wir für die Zustandssumme eines Systems mit einem Energiespektrum der Form (27) folgenden Ausdruck:

$$Z = \frac{Z^{(0)}}{(2\mathcal{E}_2\mu)^{3/2}}\left\{1 + \lambda\hbar\omega\alpha - \frac{1\cdot3\cdot5}{2^2}\,\frac{\mathcal{E}_4}{\mathcal{E}_2^2\lambda} - \frac{1\cdot3\cdot5\cdot7}{2^3}\,\frac{\mathcal{E}_6}{\mathcal{E}_2^3\lambda^3} - \cdots - \frac{(2n+1)!!}{2^n}\,\frac{\mathcal{E}_{2n}}{\mathcal{E}_2^n\lambda^{n-1}} - \cdots\right\}. \tag{29}$$

Darin sind die Glieder der Ordnung α^2 und höherer Ordnung vernachlässigt. Vergleichen wir (29) und (25) so ergibt der Koeffizientenvergleich

$$\mathscr{E}_2 = \left[2\mu\left(1+\frac{\alpha}{6}\right)\right]^{-1};$$

$$\mathscr{E}_{2n} = -\frac{(2n-1)!!\,\alpha}{4\,n!\,(2n+1)\,\mu^n\,(4\,\hbar\,\omega)^{n-1}} \quad \text{für} \quad n \geq 2. \tag{30}$$

Bei kleinem P kann man sich in der Entwicklung (27) auf das quadratische Glied beschränken und eine effektive Masse M der Ladungsträger

$$M = \frac{1}{2\,\mathscr{E}_2} = \mu\left(1+\frac{\alpha}{6}\right) \tag{31}$$

einführen. Die Reihe (27) mit den Koeffizienten (30) kann man summieren, wenn $P^2/2\,\mu\,\hbar\,\omega < 1$ ist, und man erhält

$$E(P) = E_0^{(0)} + \frac{P^2}{2\,\mu} - \alpha\,\hbar\,\omega\,\frac{\arcsin\sqrt{\dfrac{P^2}{2\,\mu\,\hbar\,\omega}}}{\sqrt{\dfrac{P^2}{2\,\mu\,\hbar\,\omega}}}. \tag{32}$$

Der Wert (28) für die Energie des Grundzustandes des Systems wurde zuerst in [*2*] nach der Methode der üblichen Störungstheorie erhalten. Die effektive Masse (31) ist ebenfalls in einer Reihe von Arbeiten [*3—6*] angegeben worden. Die Formel (32) kann man aus der Formel (29) der Arbeit von Lee, Low und Pines [*5*] erhalten, wenn man beachtet, daß η von der Ordnung α ist und man sich auf Glieder der Ordnung α beschränkt.

Der Vorzug der hier dargestellten Spurmethode liegt darin, daß sie gestattet, die Zustandssumme des Systems (10), (17) und alle anderen thermodynamischen Funktionen für beliebige Temperaturen zu berechnen und insbesondere für hohe Temperaturen, für welche sich der Anwendungsbereich der Näherung der schwachen Kopplung erweitert und die realen Kristalle umfaßt. Dabei ergeben sich alle thermodynamischen Funktionen des Systems ohne die Näherungsvoraussetzung der quadratischen Abhängigkeit der Energie vom Impuls.

Wir verallgemeinern nun die erhaltenen Resultate auf den Fall eines kubischen Gitters mit mehreren Zweigen von Polarisationsschwingungen. Man kann zeigen, daß in diesem Falle der Hamilton-Operator des Systems folgende Gestalt hat

$$H = -\frac{\hbar^2}{2\,\mu}\,\Delta + \sum_{\varkappa j} \hbar\,\omega_j\,a^+_{\varkappa j}\,a_{\varkappa j} + \sum_{\varkappa j}\left(V_{\varkappa j}\,a_{\varkappa j}\,e^{i\varkappa r} + V^*_{\varkappa j}\,a^+_{\varkappa j}\,e^{-i\varkappa r}\right); \tag{33}$$

wobei

$$V_{\varkappa j} = \frac{e}{|\varkappa|}\sqrt{\frac{2\,\pi\,\hbar\,\omega_j\,c_j}{V}}, \tag{34}$$

j ist die Nummer des Zweiges, ω_j die zugehörige Grenzfrequenz. Die Abhängigkeit der Frequenzen von $\varkappa$ vernachlässigen wir zunächst, da in erster Linie die langwelligen Schwingungen mit dem Elektron in Wechselwirkung stehen. Die Konstanten c_j und ω_j, welche sich auf die longitudinalen Polarisationsschwingungen beziehen, lassen sich nach einer Methode, welche von den Autoren in [14] dargestellt worden ist, zweckmäßig durch Parameter der transversalen Schwingungen ausdrücken, welche sich leicht experimentell durch Messung der Infrarotdispersion im Kristall bestimmen lassen. Dazu muß man die experimentell bestimmte Abhängigkeit von ε von der Frequenz ω' des Lichtes approximieren durch die Formel

$$\frac{\varepsilon(\omega')}{n^2} = 1 + \sum_j \frac{a_j}{\omega_{\perp j}^2 - \omega'^2}. \tag{35}$$

Daraus ergeben sich die Grenzfrequenzen der transversalen Schwingungen $\omega_{\perp j}$ und die Koeffizienten a_j. Weiterhin kann man nach [14] die Grenzfrequenzen ω_j der longitudinalen Schwingungen bestimmen als Wurzeln einer Gleichung, welche man erhält, wenn man die rechte Seite von (35) gleich Null setzt. Durch Gleichsetzen von (35) mit

$$\frac{\varepsilon(\omega')}{n^2} = \left(1 - \sum_j \frac{b_j}{\omega_j^2 - \omega'^2}\right)^{-1} \tag{36}$$

bestimmt man die Koeffizienten b_j, und durch diese drücken sich die c_j aus nach

$$c_j = \frac{b_j}{n^2 \omega_j^2}. \tag{37}$$

Die Formel (14) besagt, daß im allgemeinen Falle $Z^{(2)}/Z^{(0)}$ eine Summe von Gliedern ist, welche der Wechselwirkung des Elektrons mit den einzelnen Normalschwingungen des Kristallgitters entsprechen (die von den verschiedenen Normalschwingungen herrührenden Störungen „interferieren" nicht in der benutzten Näherung). Daher braucht man im Falle mehrerer Zweige von Polarisationsschwingungen nur die Beiträge der Wechselwirkung mit jedem einzelnen Zweig für sich aufzusummieren. Deshalb ergibt sich mit (17)

$$Z^{(2)} = Z^{(0)} \sum_j \frac{\sqrt{\pi}}{2} (\lambda \hbar \omega_j)^{3/2} \frac{I^0\left(\frac{\lambda}{2} \hbar \omega_j\right)}{\operatorname{sh}\left(\frac{\lambda}{2} \hbar \omega_j\right)} \alpha_j, \tag{38}$$

wobei

$$\alpha_j = \frac{c_j e^2}{2 \hbar} \sqrt{\frac{2 \mu}{\hbar \omega_j}}. \tag{39}$$

Mit (20) ergibt sich

$$\overline{E} = \overline{E}^{(0)} - \sum_j \frac{\sqrt{\pi}}{4} \frac{\lambda^{1/2} (\hbar \omega_j)^{3/2}}{\operatorname{sh}\left(\frac{\lambda}{2} \hbar \omega_j\right)} \left\{3 I_0 \left(\frac{\lambda}{2} \hbar \omega_j\right) - \right.$$

$$\left. - \lambda \hbar \omega_j \left[I_0 \left(\frac{\lambda}{2} \hbar \omega_j\right) \operatorname{cth}\left(\frac{\lambda}{2} \hbar \omega_j\right) - I_1 \left(\frac{\lambda}{2} \hbar \omega_j\right)\right]\right\} \alpha_j. \tag{40}$$

Entsprechend erhält man mit (21) und (22) für hohe Temperaturen

$$\ln Z = \ln Z^{(0)} + \sum_j \sqrt{\pi}\,(\lambda \hbar\, \omega_j)^{1/2}\,\alpha_j\,, \tag{41}$$

$$\overline{E} = \overline{E}^{(0)} - \sum_j \frac{\sqrt{\pi}}{2}\left(\frac{\hbar\,\omega_j}{\lambda}\right)^{1/2}\alpha_j\,, \tag{42}$$

und mit (25), (26) und (27) für tiefe Temperaturen

$$Z = Z^{(0)}\left[1 + \sum_j \left(\lambda \hbar\,\omega_j \alpha_j + \frac{\alpha_j}{4}\right) + \cdots\right]; \tag{43}$$

$$\overline{E} = \overline{E}^{(0)} - \left(\sum_j \hbar\,\omega_j \alpha_j - \frac{9}{32}\,\frac{\alpha_j}{\hbar\,\omega_j\,\lambda^2} + \cdots\right), \tag{44}$$

$$E_0 = E_0^{(0)} - \sum_j \alpha_j\,\hbar\,\omega_j\,; \tag{45}$$

$$M = \mu\left[1 + \frac{1}{6}\sum_j \alpha_j\right]. \tag{46}$$

Homöopolare Kristalle

Betrachten wir der Einfachheit halber einen festen Körper mit isotropen elastischen Eigenschaften, in welchem die effektive Masse des Elektrons für alle Richtungen dieselbe ist. Sei $\boldsymbol{u}(\boldsymbol{r})$ die Verschiebung eines Punktes des Körpers infolge seiner akustischen Schwingungen. Dann kann man in der Näherung der makroskopischen Theorie der Elastizität die potentielle Energie der Deformation des Körpers in folgender Form schreiben:

$$U = \frac{1}{2}\left(K + \frac{4}{3}\mu'\right)\int (\operatorname{div}\boldsymbol{u})^2\,d\tau + \frac{\mu'}{2}\int (\operatorname{rot}\boldsymbol{u})^2\,d\tau\,, \tag{47}$$

wobei K der Kompressionsmodul und μ' der Schubmodul ist.

Die kinetische Energie des schwingenden Körpers ist

$$\frac{\varrho}{2}\int \dot{\boldsymbol{u}}^2\,d\tau\,, \tag{48}$$

worin ϱ die Dichte ist. Die potentielle Energie der Wechselwirkung des Leitungselektrons mit den Gitterschwingungen wählen wir in der Form

$$H_1 = b\,\operatorname{div}\boldsymbol{u}(\boldsymbol{r})\,, \tag{49}$$

wobei b eine Konstante und $\boldsymbol{r}$ die Koordinate des Elektrons ist. Der Ausdruck (49) ist von BARDEEN und SHOCKLEY [*15*] angegeben worden und unabhängig davon von einem der Autoren zusammen mit M. F. DEIGEN [*16*].

Für die longitudinalen akustischen Schwingungen ist rot $\boldsymbol{u} = 0$ und div $\boldsymbol{u} \neq 0$, für die transversalen Schwingungen ist umgekehrt rot $\boldsymbol{u} \neq 0$ und div $\boldsymbol{u} = 0$.

Das letztere bedeutet, daß die transversalen Schwingungen nicht mit dem Leitungselektron in Wechselwirkung stehen. Daher werden wir sie im folgenden als konservatives abgeschlossenes Untersystem ignorieren. Wir entwickeln den rotationsfreien Teil des Vektors $\boldsymbol{u}$ in eine Fourierreihe:

$$\boldsymbol{u} = \sum_{\varkappa} \boldsymbol{u}_{\varkappa} \chi_{\varkappa}(\boldsymbol{r}); \qquad \chi_{\varkappa}(\boldsymbol{r}) = \sqrt{\frac{2}{V}} \begin{cases} \cos \varkappa \boldsymbol{r} & \varkappa_x < 0 \\ \sin \varkappa \boldsymbol{r} & \varkappa_x \geq 0 \end{cases} \tag{50}$$

und wählen als dimensionslose Normalkoordinaten die Größen

$$q_{\varkappa} = u_{\varkappa} \sqrt{\frac{\varrho\, \omega_{\varkappa}}{\hbar}}, \tag{51}$$

und als die zu ihnen kanonisch konjugierten Impulse die Größen

$$g_{\varkappa} = \dot{u} \sqrt{\frac{\varrho}{\hbar\, \omega_{\varkappa}}}. \tag{52}$$

Dann kann man den Hamilton-Operator des Elektrons und der longitudinalen akustischen Gitterschwingungen schreiben in der Form

$$H = -\frac{\hbar^2}{2\mu} \Delta + \frac{1}{2} \sum_{\varkappa} \hbar\, \omega_{\varkappa} \left| q_{\varkappa}^2 + g_{\varkappa}^2 \right| + b \sum_{\varkappa} \sqrt{\frac{\hbar}{\varrho\, \omega_{\varkappa}}}\, q_{\varkappa} |\varkappa|\, \chi_{-\varkappa}(\boldsymbol{r});$$

$$[q_{\varkappa} q_{\varkappa'}] = [g_{\varkappa} g_{\varkappa'}] = 0\,; \qquad [q_{\varkappa}\, g_{\varkappa'}] = i\, \delta_{\varkappa \varkappa'}. \tag{53}$$

Darin sind $\omega_{\varkappa}$ die Frequenzen der akustischen Schwingungen. Sie ergeben sich aus

$$\omega_{\varkappa} = w\, |\varkappa|, \tag{54}$$

wobei $w = \sqrt{(K + 4/3 \cdot \mu')/\varrho}$ die Geschwindigkeit des „longitudinalen" Schalles im Körper ist.

Führen wir die neuen Variablen

$$a_{\varkappa} = \frac{1}{2} (q_{\varkappa} - i q_{-\varkappa} + i g_{\varkappa} + g_{-\varkappa})\,; \qquad a_{\varkappa}^{+} = \frac{1}{2} (q_{\varkappa} + i q_{-\varkappa} - i g_{\varkappa} + g_{-\varkappa})$$

$$a_{-\varkappa} = \frac{1}{2} (q_{\varkappa} + i q_{-\varkappa} + i g_{\varkappa} - g_{-\varkappa})\,; \qquad a_{-\varkappa}^{+} = \frac{1}{2} (q_{\varkappa} - i q_{-\varkappa} - i g_{\varkappa} - g_{-\varkappa}) \text{ für } \varkappa_x > 0\,;$$

$$[a_{\varkappa'} a_{\varkappa''}] = [a_{\varkappa'}^{+} a_{\varkappa''}^{+}] = 0; \qquad [a_{\varkappa'} a_{\varkappa''}^{+}] = [a_{-\varkappa'}^{+}, a_{-\varkappa''}] = \delta_{\varkappa' \varkappa''} \tag{55}$$

ein, so erhalten wir schließlich den Hamilton-Operator (4), mit

$$V_{\varkappa} = b \sqrt{\frac{\hbar}{2\, V \varrho w}} \cdot \sqrt{|\varkappa|}\,. \tag{56}$$

Die Ausdrücke (47—49) gelten nur für langwellige Schwingungen. Im weiteren wird jedoch gezeigt werden, daß ein Elektron in einem homöopolaren Kristall auch mit den kurzwelligen Schwingungen in Wechselwirkung tritt. Der Hamilton-Operator (4) bleibt auch für diesen Fall gültig, jedoch wird $V_\varkappa$ für große $\varkappa$ etwas von (56) verschieden sein und es wird in Formel (54) die Schallgeschwindigkeit w für große $\varkappa$ von $\varkappa$ abhängig. Die Abweichung von $V_\varkappa$ von dem in (56) angegebenen Wert berücksichtigen wir, indem wir b als Funktion von $\varkappa$ betrachten. Es streben $b_\varkappa \to b$ und $w_\varkappa \to w$ für $\varkappa \to 0$.

Wir gehen nun zur Berechnung von $Z^{(2)}$ nach Formel (14) über. Setzen wir (54) und (56) in (14) ein, so ergibt sich

$$Z^{(2)} = \frac{\lambda^2}{8\pi^2} Z^{(0)} \frac{\hbar}{\varrho} \int_0^1 dv \int_0^{\varkappa_m} \frac{d\varkappa\, b_\varkappa^2 \varkappa^3}{w_\varkappa} \, \frac{\operatorname{ch} \frac{\lambda}{2} \hbar \omega_\varkappa v}{\operatorname{sh} \frac{\lambda}{2} \hbar \omega_\varkappa} \exp\left\{-\lambda \frac{\hbar^2 \varkappa^2}{8\mu} (1 - v^2)\right\}. \tag{57}$$

Integrieren wir hier über $\varkappa$ von Null bis Unendlich, so divergiert das Integral. Tatsächlich gibt es aber im Kristall keine Schwingungen mit beliebig großem $\varkappa$. Der Maximalwert $\varkappa_m$ von $\varkappa$ ergibt sich aus der Bedingung, daß die Zahl der Eigenschwingungen mit $\varkappa \leq \varkappa_m$ gleich dem dritten Teil der Zahl der Freiheitsgrade des Systems also gleich der Zahl N der Atome im Kristall sein muß:

$$\varkappa_m = \left(\frac{6\pi^2 N}{V}\right)^{1/3}. \tag{58}$$

Für die weitere Berechnung von $Z^{(2)}$ setzen wir voraus

$$p \equiv \frac{\hbar \varkappa_m^2}{8\mu} \lambda \gg 1. \tag{59}$$

Diese Ungleichung ist gewöhnlich gut erfüllt, da p von der Größenordnung der Breite des Leitfähigkeitsbandes dividiert durch kT ist.

Wir führen in (57) durch $v = 1 - x$ eine neue Variable ein und schreiben den gesamten von x abhängigen Teil des Integranden als Exponentialfunktion, deren Exponent nach Potenzen von x entwickelt ist. Aus der Ungleichung (59) folgt zudem, daß der Hauptanteil des Integrals von kleinen Werten von x herrührt. Daher kann man sich im Exponenten der Exponentialfunktion auf Glieder beschränken, welche linear in x sind und Glieder in x^2 und höherer Ordnung als kleine Korrektur ansehen und die Exponentialfunktion nach ihnen entwickeln. Dann brauchen wir die gliedweise Integration über x nicht zwischen 0 und 1, sondern können sie zwischen 0 und ∞ erstrecken. Dadurch erhalten wir

$$Z^{(2)} - \frac{\lambda^2}{8\pi^2} Z^{(0)} \frac{\hbar}{\varrho} \int_0^{\varkappa_m} \frac{d\varkappa\, b_\varkappa^2 \varkappa^3}{w_\varkappa} \, \frac{\operatorname{cth} \frac{\lambda}{2} \hbar \omega_\varkappa}{\frac{\hbar^2 \varkappa^2}{4\mu} \lambda + \frac{\lambda}{2} \hbar \omega_\varkappa \operatorname{th} \frac{\lambda}{2} \hbar \omega_\varkappa} \times$$

$$\times \left[1 + \frac{\frac{\hbar^2 \varkappa^2}{4\mu} \lambda + \left(\frac{\lambda}{2} \hbar \omega_\varkappa\right)^2 \left(\operatorname{ch} \frac{\lambda}{2} \hbar \omega_\varkappa\right)^{-2}}{\left(\frac{\hbar^2 \varkappa^2}{4\mu} \lambda + \frac{\lambda}{2} \hbar \omega_\varkappa \operatorname{th} \frac{\lambda}{2} \hbar \omega_\varkappa\right)^2} + \dots\right]. \tag{60}$$

Dieses geht im Grenzfall tiefer Temperaturen für $kT \ll \hbar\omega_{\varkappa_m}$ über in

$$Z^{(2)} = Z^{(0)} \frac{\lambda}{2\pi^2} \frac{\mu}{\hbar\varrho} \int\limits_0^{\varkappa_m} \frac{d\varkappa\, b_\varkappa^2 \varkappa^2}{w_\varkappa\left(\varkappa + \frac{2\mu w_\varkappa}{\hbar}\right)} \left[1 + \frac{1}{\frac{\lambda\hbar^2}{4\mu}\left(\varkappa + \frac{2\mu w_\varkappa}{\hbar}\right)^2}\right]. \tag{61}$$

Daraus ergibt sich die Energie des Grundzustandes des Systems

$$E_0 = E_0^{(0)} - \frac{1}{2\pi^2} \frac{\mu}{\hbar\varrho} \int\limits_0^{\varkappa_m} \frac{d\varkappa\, b_\varkappa^2 \varkappa^2}{w_\varkappa\left(\varkappa + \frac{2\mu w_\varkappa}{\hbar}\right)} \tag{62}$$

und die effektive Masse der Stromträger

$$\frac{M}{\mu} = 1 + \frac{4}{3\pi^2} \frac{\mu^2}{\hbar^3\varrho} \int\limits_0^{\varkappa_m} \frac{d\varkappa\, b_\varkappa^2 \varkappa^2}{w_\varkappa\left(\varkappa + \frac{2\mu w_\varkappa}{\hbar}\right)^3}. \tag{63}$$

Die Größen E_0 und M gehören zu $T \to 0$, wenn $p \to \infty$ und die mit der Ungleichung (59) zusammenhängenden Fehler verschwinden.

Wenn $b_\varkappa$ und $w_\varkappa$ nicht von $\varkappa$ abhängen, lassen sich die Integrale in den Formeln (61)—(63) elementar berechnen.

Für hohe Temperaturen, wenn $kT \gg \hbar\omega_{\varkappa_m}$ erhält man aus (57) unter Beachtung der Ungleichung (59) näherungsweise

$$Z^{(2)} = Z^{(0)} \frac{\mu}{\pi^2\hbar^2\varrho} \int\limits_0^{\varkappa_m} \frac{b_\varkappa^2\, d\varkappa}{w_\varkappa^2}. \tag{64}$$

Demnach enthält die Zustandssumme bei hohen Temperaturen als Folge der Berücksichtigung der Wechselwirkung einen temperaturunabhängigen Korrekturfaktor. Daher ist in der benutzten Näherung die Wechselwirkung ohne Einfluß auf die mittlere thermodynamische Energie des Systems.

Die Formeln (62—64) zeigen, daß die Resultate wesentlich von $\varkappa_m$ abhängen. Das bedeutet, daß das Elektron auch wesentlich an die kurzwelligen Gitterschwingungen gekoppelt ist. Bei der Behandlung dieser Wechselwirkung ist die Verwendung der Methode der effektiven Masse nicht zu begründen. Daher können die oben abgeleiteten Ergebnisse für homöopolare Kristalle nur als grobe Näherungen betrachtet werden.

Die hier gewonnenen Resultate, speziell die Ausdrücke für die Zustandssumme, sollen in einer folgenden Arbeit zur Herleitung neuer Ausdrücke für den thermoelektrischen Emissionsstrom, und die Temperaturabhängigkeit der Konzentration der Stromträger in Halbleitern sowie der Wärmekapazität verwendet werden.

Die Autoren benutzen die Gelegenheit, einen Fehler in der Arbeit [*17*] zu korrigieren, auf welchen K. B. TOLPYGO hingewiesen hat. Auf der rechten Seite der Formel (132) dieser Arbeit muß eine homogene Funktion von $\boldsymbol{k}$ nicht ersten Grades, sondern vom Grade $-{}^1/_2$ stehen. Dann verschwindet in Formel (134) der Faktor $(\omega - \omega^0_{s_1 s_2})^3$. Dementsprechend muß in der Arbeit [*18*] auf der rechten Seite der Formel (78) anstelle des Gliedes αT^7 der Term αT^4 stehen; alle übrigen Resultate dieser Arbeiten bleiben unverändert.

Physikal. Institut der Ak. d. Wissensch. d. UdSSR
Institut f. Metallphysik d. Ak. d. Wissensch. d. UdSSR

LITERATUR

[*1*] S. I. PEKAR, Untersuchungen über die Elektronentheorie der Kristalle 1951; deutsch im Akademie-Verlag, Berlin 1954.
[*2*] H. FRÖHLICH, H. PELZER u. S. ZIENAU, Phil. Mag. **41**, 221 (1950).
[*3*] S. V. TJABLIKOV, Žurn. èksper. teor. Fiz. **22**, 513 (1952); deutsch in diesem Band S. 45.
[*4*] M. GURARY, Phil. Mag. **44**, 329 (1953).
[*5*] T. D. LEE, B. F. LOW u. D. PINES, Phys. Rev. **90**, 297 (1953).
[*6*] E. HAGA, Progr. Theor. Phys. (Japan) **11**, 449 (1954).
[*7*] T. D. LEE u. D. PINES, Phys. Rev. **92**, 883 (1953).
[*8*] G. HÖHLER, Z. Phys. 140, 192 (1955); Nuovo Cimento **11**, 691 (1955).
[*9*] R. P. FEYNMAN, Phys. Rev. **97**, 660 (1955).
[*10*] J. SCHWINGER, Phys. Rev. **82**, 664 (1951).
[*11*] I. M. RYŠIK u. I. S. GRADŠTEIN, Tablici integralov, summ, rjadov i proizbegenij, S. 171., Gostechteoretizdat 1951.
[*12*] S. I. PEKAR, Žurn. èksper. teor. Fiz. **16**, 341 (1946).
[*13*] S. I. PEKAR, Žurn. èksper. teor. Fiz. **19**, 796 (1949).
[*14*] M. A. KRIVOGLAZ i. S. I. PEKAR, Žurn. èksper. teor. Fiz. **31**, 343 (1956).
[*15*] J. BARDEEN and W. SHOCKLEY, Phys. Rev. **80**, 72 (1951).
[*16*] M. F. DEJGEN u. S. I. PEKAR, Žurn. èksper. teor. Fiz. **21**, 803 (1951).
[*17*] M. A. KRIVOGLAZ u. S. I. PEKAR, Trudy I. F. Akad. Nauk USSR, H. 4, 37 (1953).
[*18*] M. A. KRIVOGLAZ, Žurn. èksper. teor. Fiz. **25**, 191 (1953).

Die Zustandssumme für die Leitungselektronen in Halbleitern[1])

Von M. A. Krivoglaz und S. I. Pekar

II. Variationsverfahren

In der vorhergehenden Arbeit [1] wurde ein System betrachtet, das aus einem Kristall und einem Leitungselektron bestand und zu dem der Hamilton-Operator

$$H = -\frac{\hbar^2}{2\mu}\Delta + \sum_{\varkappa} \hbar\,\omega_{\varkappa} a_{\varkappa}^{+} a_{\varkappa} + \sum_{\varkappa} (V_{\varkappa} a_{\varkappa} e^{i\varkappa r} + V_{\varkappa}^{*} a_{\varkappa}^{+} e^{i\varkappa r}) \tag{1}$$

gehörte.

Dort wurde auch gezeigt, daß viele Größen, die durch die Zusammensetzung des Trägerstroms im Halbleiter charakterisiert werden, durch die Spur von verschiedenen Operatoren ausgedrückt werden können. Ausführlich wurde die Spur des Operators $e^{-\lambda H}$ betrachtet, die die Zustandssumme des Systems darstellt, wenn $\lambda = 1/kT$ ist. Zur Berechnung der Spur dieses Operators wurde angenommen, daß die Wechselwirkungsenergie des Elektrons mit den Gitterschwingungen (das letzte Glied in (1)) als kleine Störung angesehen werden kann.

In dieser Arbeit wird die Spur des Operators $e^{-\lambda H}$ ohne die Voraussetzung schwacher Wechselwirkung des Elektrons mit den Gitterschwingungen berechnet. Dazu wird ein direktes Variationsverfahren entwickelt, bei dem der ursprüngliche Energieoperator durch einen sehr einfachen Operator approximiert wird, der die Parameter enthält, nach denen variiert wird. Die Idee dieser Methode entstand unter Einfluß der unlängst erschienen Arbeit von Feynman [2], in der mit einer Lagrangeschen Methode eine Näherungslösung der zeitabhängigen Schrödinger-Gleichung für das System mit dem Hamilton-Operator (1) gefunden wird. Danach wird in der erhaltenen Lösung die Zeit t durch die imaginäre Größe $-i\tau$ ersetzt, so daß die zeitlichen Exponentialfaktoren, die in den stationären Eigenfunktionen vorkommen, reelle Exponenten erhalten:

$$\Psi = \sum_{n} c_n \psi_n e^{-iE_n t/\hbar} = \sum_{n} c_n \psi_n e^{-E_n \tau/\hbar}. \tag{2}$$

Für $\tau \to \infty$ überwiegen auf der rechten Seite von (2) die Summanden, die dem Grundzustand entsprechen (die übrigen Exponentialfaktoren nehmen stark ab). Durch die Untersuchung von Ψ für $\tau \to \infty$ bestimmt man die Energie E_0 des Grundzustands des Systems.

Die in dieser Arbeit verwendete Spur-Methode, deren Wesen in der vorhergehenden Arbeit [1] erläutert wurde, gestattet auch, die Energie des Grundzustands des Systems zu bestimmen und speziell alle Resultate Feynmans zu

[1]) Izvestija Akad. Nauk SSSR, Ser. Fiz. **21**, 16 (1957).

erhalten, wenn man seine Approximation verwendet. Außerdem erlaubt diese Methode, die Zustandssumme des Systems und andere thermodynamische Funktionen bei beliebigen Temperaturen zu berechnen, und sogar die Abhängigkeit der Energie des Systems vom Gesamtimpuls.

1. Ausschließung der Schwingungsfreiheitsgrade des Systems

In dieser Arbeit wurde die Methode der geordneten Operatoren verwendet, die darin besteht, daß nichtkommutierende Operatoren mit Indizes versehen werden, die die Reihenfolge der Wirkung der Operatoren angeben: zuerst wirkt der Operator mit dem kleinsten Index. Nach der Einführung dieser Indizes kann man, wie FEYNMAN [3] zeigte, die Nichtkommutativität der Operatoren ignorieren und Funktionen mit Operator-Argument genauso behandeln wie Funktionen gewöhnlicher Zahlen. Das vereinfacht wesentlich die Transformation von Operator-Ausdrücken. Nach jeder Transformation muß man den Endausdruck „entwirren", d. h. alle Operator-Faktoren nach wachsenden Index-Werten ordnen; dann kann der Index wieder weggelasesn werden, da jetzt die Operatoren wieder wie gewöhnlich in der Reihenfolge, wie sie aufgeschrieben sind, wirken. Verwendet man diese Methode und folgt [3], so kann man den Operator $e^{-\lambda H}$ in folgende Form transformieren:

$$e^{-\lambda H} = G(\boldsymbol{r}) \exp\left(-\int_0^\lambda \mathfrak{N}_{\boldsymbol{r}\lambda_1} d\lambda_1\right) \exp(-\lambda H) \exp\left(-\sum_\varkappa \beta_\varkappa^* a_\varkappa^+\right) \exp\left(-\sum_\varkappa \beta_\varkappa a_\varkappa\right), \quad (3)$$

wobei

$$G(\boldsymbol{r}) = \exp\left(\sum_\varkappa |V_\varkappa|^2 \int_0^\lambda e^{i\varkappa\boldsymbol{r}\lambda_1 - \hbar\omega_\varkappa\lambda_1} d\lambda_1 \int_0^{\lambda_1} e^{-i\varkappa\boldsymbol{r}\lambda_2 + \hbar\omega_\varkappa\lambda_2} d\lambda_2\right), \quad (4)$$

$$H_{\boldsymbol{r}} = -\frac{\hbar^2}{2\mu}\Delta, \quad (5)$$

$$\mathfrak{N} = \sum_\varkappa \hbar\omega_\varkappa a_\varkappa^+ a_\varkappa, \quad (6)$$

$$\beta_\varkappa = V_\varkappa \int_0^\lambda e^{i\varkappa_1\boldsymbol{r}\lambda_1 - \hbar\omega_\varkappa\lambda_1} d\lambda_1; \quad \beta_\varkappa^* = V_\varkappa^* \int_0^\lambda e^{-i\varkappa\boldsymbol{r}\lambda_1 + \hbar\omega_\varkappa\lambda_1} d\lambda_1. \quad (7)$$

Die Operator-Ausdrücke (3) und (4) sind bezüglich der Schwingungsfreiheitsgrade „entwirrt", da die Operatoren $a_\varkappa$, $a_\varkappa^+$ und $\mathfrak{N}$ bereits keinen Ordnungsindex mehr enthalten und wie gewöhnlich in der Reihenfolge wirken, wie sie aufgeschrieben sind. Die Operatoren jedoch, die von der Elektronenkoordinate $\boldsymbol{r}$ abhängen sind nicht „entwirrt" und λ_1 und λ_2 sind kontinuierliche Indizes, die die Reihenfolge der Operatoren bestimmen. Den Ausdruck der Form

$$\exp\left[\int_0^\lambda A_{\lambda_1} d\lambda_1 + \int_0^\lambda B_{\lambda_2} d\lambda_2\right],$$

wobei A und B nichtkommutierende Operatoren sind, muß man als unendliches Produkt von unendlich nahe an Eins gelegenen Faktoren der Form

$$e^{A_{\lambda_1} d\lambda_1} \quad \text{und} \quad e^{B_{\lambda_2} d\lambda_2},$$

die in der Reihenfolge wachsender Indizes an A und B wirken, auffassen.

Wir gehen jetzt zur Berechnung der Spur des Operators (3) über. Wir werden die Spur mit dem vollständigen orthogonalen Funktionensytem der Form

$$\psi_{l\,n} = \chi_l(\boldsymbol{r})\,\Phi_n,\ \Phi_n = \prod_{\varkappa} \Phi_{n_\varkappa} \tag{8}$$

berechnen, wobei $\Phi_{n_\varkappa}$ Wellenfunktionen von harmonischen Oszillatoren sind, genaugenommen Eigenfunktionen der Operatoren $a_\varkappa^+ a_\varkappa$ und $\chi_l(\boldsymbol{r})$ ein beliebiges vollständiges orthogonales Funktionensystem ist, das von $\boldsymbol{r}$ abhängt.

Die Spur des Operators (3) wollen wir in zwei Etappen ausrechnen: Zunächst bestimmen wir die diagonalen Matrixelemente des Operators nach den Funktionen Φ_n und summieren über n. Das Ergebnis ist ein Operator $L(\boldsymbol{r})$, der bereits nur noch von $\boldsymbol{r}$ abhängt; dann bestimmen wir die Spur des Operators L nach den Funktionen $\chi_l(\boldsymbol{r})$.

Wenn wir zur ersten Etappe unserer Rechnung übergehen, bemerken wir, daß auf die Schwingungsfreiheitsgrade nur die letzten drei Exponentialfaktoren des Ausdrucks (3) wirken. Man kann sie als Produkt $\prod_{\varkappa}$ von Operatoren der Form

$$R = \exp(-\lambda\hbar\omega a^+ a)\exp(-\beta^* a^+)\exp(-\beta a) \tag{9}$$

schreiben.

Wenn man jetzt $e^{-\beta^* a^+}$ und $e^{-\beta a}$ in eine Potenzreihe entwickelt, erhält man

$$\operatorname{sp} R = \sum_{m=0}^{\infty} \langle \Phi_m, R\Phi_m \rangle = \sum_{m=0}^{\infty} e^{-\lambda\hbar\omega m} \sum_{i=0}^{\infty} \frac{(\beta^*\beta)^i}{(i!)^2}\, m(m-1)\ldots(m-i+1). \tag{10}$$

Führt man noch die Bezeichnung $\alpha = e^{-\lambda\hbar\omega}$ ein, so kann man (10) in der Form

$$\operatorname{sp} R = \sum_{i=0}^{\infty} \frac{(\beta^*\beta)^i}{(i!)^2}\, \alpha^i \frac{d^i}{(d\alpha)^i} \sum_{m=0}^{\infty} \alpha^m = \sum_i \frac{(\beta^*\beta)^i}{i!} \frac{\alpha^i}{(i-\alpha)^{i+1}} =$$

$$= (1 - e^{-\lambda\hbar\omega})^{-1} \exp\frac{\beta^*\beta}{e^{\lambda\hbar\omega} - 1} \tag{11}$$

schreiben.

Wenn $\lambda = \frac{1}{kT}$ ist, so stellt der Ausdruck

$$\bar{n} = (e^{\lambda\hbar\omega} - 1)^{-1} \tag{12}$$

den mittleren Planckschen Wert der Schwingungs-Quantenzahl dar. Dann kann man (11) in der Form

$$\operatorname{sp} R = (\bar{n} + 1)\exp(\bar{n}\beta^*\beta) \tag{13}$$

schreiben.

Gemäß Formeln (3), (9) und (13) gilt

$$L(\boldsymbol{r}) = X L(\boldsymbol{r}), \tag{14}$$

wobei

$$L(\boldsymbol{r}) = L(\boldsymbol{r}) \exp\left(-\int_0^\lambda H_{\boldsymbol{r}\lambda_1}\, d\lambda_1\right) \exp\left(\sum_\varkappa \bar{n}_\varkappa \beta_\varkappa^* \beta_\varkappa\right), \tag{15}$$

$$X = \prod \left(1 - e^{-\lambda\hbar\omega_\varkappa}\right)^{-1}.$$

Für $\lambda = \frac{1}{kT}$ stellt X die Zustandssumme der Gitterschwingungen bei Abwesenheit des Leitungselektrons dar.

Nunmehr bleibt zur Berechnung der Spur des Operators $e^{-\lambda H}$ die Berechnung der Spur des geordneten Operators $L(\boldsymbol{r})$, welcher die Schwingungsfreiheitsgrade bereits nicht mehr enthält.

2. Näherungsverfahren

Die Schwierigkeit der Berechnung der Spur des geordneten Operators hängt damit zusammen, daß er nicht „entwirrt" ist. Die Entwirrung dieses Operators ist zum Beispiel möglich, nachdem man ihn in eine Reihe nach Potenzen der Kopplungskonstanten $V_\varkappa$ entwickelt hat. Dadurch erhält man die Ergebnisse der vorhergehenden Arbeit [1], die für die Fälle schwacher Wechselwirkung gelten. Im vorliegenden Artikel wollen wir jedoch die Stärke der Wechselwirkung nicht beschränken und verwenden zur Berechnung von sp L eine Näherungsmethode, die auf einem Variationsprinzip für geordnete Operatoren beruht. Dazu beweisen wir zuerst ein Hilfstheorem.

Sei

$$I = \mathrm{sp} \exp\left[\int_0^\lambda A_{\lambda_1} d\lambda_1 + s \int_0^\lambda B_{\lambda_1} d\lambda_1\right], \tag{16}$$

wobei A und B selbstadjungierte Operatoren, λ_1 der Ordnungsindex und s ein beliebiger Parameter sind. Wenn man in dem Ausdruck (16) den Faktor e^{A_λ} „entwirrt", indem man die Formeln (16)—(18) der Arbeit [3] benutzt, so erhält man

$$I = \mathrm{sp}\, e^{\lambda A_\lambda} e^{s\int_0^\lambda B'_{\lambda_1} d\lambda_1} = \mathrm{sp}\, e^P e^{sQ}, \tag{17}$$

wobei

$$B'_{\lambda_1} = e^{-\lambda_1 A_\lambda} B_{\lambda_1} e^{\lambda_1 A_\lambda} \quad 0 \le \lambda_1 \le \lambda; \quad P = \lambda A; \quad Q = \int_0^\lambda B'_{\lambda_1} d\lambda_1. \tag{18}$$

Wir führen jetzt gewisse Mittelwerte $\bar{B}$ mit Hilfe der Formeln

$$\lambda \bar{B} = \frac{\mathrm{sp}\left\{\int_0^\lambda B_{\lambda_1} d\lambda_1 \exp \int_0^\lambda A_{\lambda_1} d\lambda_1\right\}}{\mathrm{sp} \exp \int_0^\lambda A_{\lambda_1} d\lambda_1} = \frac{\mathrm{sp}\left\{e^{\lambda A_\lambda} \int_0^\lambda B'_{\lambda_1} d\lambda_1\right\}}{\mathrm{sp}\, \lambda A} = \frac{\mathrm{sp}\{e^P Q\}}{\mathrm{sp}\, e^P} = \bar{Q} \tag{19}$$

ein. Sei ferner

$$I_1 = \mathrm{sp}\, e^{\lambda A}\, e^{s\lambda \bar{B}} = \mathrm{sp}\, e^{P}\, e^{s\bar{Q}}. \tag{20}$$

Unser Theorem besagt dann

$$I \geq I_1. \tag{21}$$

Zum Beweis dieser Ungleichung bemerken wir

$$\frac{d}{ds}\left(\frac{I}{I_1}\right) \frac{\mathrm{sp}\left\{e^{P}\left(Q - \bar{Q}\right) e^{s(Q-\bar{Q})}\right\}}{\mathrm{sp}\, e^{P}}. \tag{22}$$

Das Vorzeichen dieses Ausdrucks fällt immer mit dem Vorzeichen von s zusammen. Tatsächlich berechnet man in (22) die Spur nach Eigenfunktionen des Operators Q. Für $s = 0$ ist der Ausdruck (22) Null wegen (19). Wenn zum Beispiel $s > 0$ ist, so erweisen sich alle positiven Eigenwerte des Operators $Q - \bar{Q} - Q_n - \bar{Q}$ als mit einem Faktor $e^{s(Q_n - \bar{Q})}$ multipliziert, der größer als Eins ist, und für negative Eigenwerte von $Q_n' - \bar{Q}$ treten analoge Faktoren auf, die kleiner als Eins sind. So ist also für $s > 0$ die Größe (22) größer als für $s = 0$, d. h. positiv. Da für $s = 0$

$$\frac{I}{I_1} = 1$$

gilt, so erhält man, wenn man das Vorzeichen von (22) beachtet, $\frac{I}{I_1} \geq 1$, d. h. (21).

Die angekündigte Näherungsmethode besteht nun in folgendem. Die Spur des Operators $L(\boldsymbol{r})$

$$I = \mathrm{sp}\, L = \mathrm{sp} \exp \left\{ \sum_{\varkappa} |V_\varkappa|^2 \left[\int_0^{\lambda} d\lambda_1 \int_0^{\lambda_1} d\lambda_2 e^{i\varkappa(\boldsymbol{r}_{\lambda_1} - \boldsymbol{r}_{\lambda_2}) - \hbar\omega_\varkappa(\lambda_1 - \lambda_2)} + \right.\right.$$
$$\left.\left. + \bar{n}_\varkappa \int_0^{\lambda} d\lambda_1 \int_0^{\lambda} d\lambda_2\, e^{i\varkappa(\boldsymbol{r}_{\lambda_1} - \boldsymbol{r}_{\lambda_2}) - \hbar\omega_\varkappa(\lambda_1 - \lambda_2)} \right] - \int_0^{\lambda} H_{\boldsymbol{r}_{\lambda_1}} d\lambda_1 \right\} \tag{23}$$

wird als die Größe I angesehen, die in dem Hilfstheorem vorkommt. Der Exponent der Exponentialfunktion in (23) wird durch einen anderen Operator approximiert, der noch von Parametern abhängt. Dieser Operator wird sich als Operator A in Formel (16) erweisen. Der Operator $\int_0^{\lambda} B_{\lambda_1} d\lambda_1$ stellt dann die Ergänzung des approximierenden Operators zu dem exakten Operator dar, der in der Exponentialfunktion von (23) steht. Die Näherung besteht nun darin, daß der Operator B durch $\bar{B}$ ersetzt wird, wodurch I in I_1 übergeht, d. h. abnimmt. Dann werden die Parameter des approximierenden Operators A variiert und so gewählt, daß die Größe I_1 einen maximalen Wert annimmt. Wenn man den approximierenden Operator hinreichend allgemein wählt, so müßte man mit ihm durch Variation der Parameter den exakten Operator recht gut annähern können. Dabei könnte sich I_1 dem Wert I sehr nähern. Dieses Verfahren ist dem gewöhnlichen Variationsverfahren der Quantenmechanik analog nur mit dem Unterschied, daß hier nicht die Wellenfunktion, sondern der Operator approximiert wird.

Der approximierende Operator A muß in so einfacher Form gewählt werden, daß die Größen (19) und (20) ausgerechnet werden können. Dabei muß man berücksichtigen, daß das Leitungselektron durch sein Feld eine lokale Deformation des Kristalls hervorruft (in Ionenkristallen eine dielektrische Trägheits-Polarisation, in homöopolaren Kristallen eine inertiale Erhöhung der Dichte des Kristalls), die das Elektron anzieht und sich zusammen mit dem Elektron im Kristall bewegt. R. FEYNMAN [2] beschreibt diese Bewegungselemente des Elektrons durch folgendes einfaches Modell. Die durch den Einfluß des Elektrons hervorgerufene lokale Deformation des Kristalls beschreibt er durch ein zweites Teilchen, welches sein Elektron anzieht. Das Potential der Anziehungskraft wurde proportional dem Quadrat des Abstandes zwischen den Teilchen gewählt. Beide so aneinander gebundenen Teilchen können sich frei im ganzen Kristall bewegen. So wird der Einfluß der Schwingungen der Atome auf das Elektron näherungsweise durch die Anziehung eines zweiten Teilchens ersetzt. Entsprechend dieser Näherung schreiben wir den Hamilton-Operator für die zwei Teilchen in der Form

$$H' = -\frac{\hbar^2}{2\mu}\Delta - \frac{\hbar^2}{2\mu_2}\Delta_2 + \frac{C}{2}(\boldsymbol{r} - \boldsymbol{r}_2)^2. \tag{24}$$

Hierbei sind μ_2 die Masse des zweiten Teilchens, und der Koeffizient C der elastischen Bindung die Parameter, nach denen im weiteren variiert wird.

Um einen Ausdruck für I_1 zu erhalten, der die Größe (23) in dem oben angegebenen groben Modell approximiert, muß man zunächst aus dem Operator $e^{-\lambda H'}$ die Koordinaten $\boldsymbol{r}_2$ des zweiten Teilchen eliminieren und nur die Variable $\boldsymbol{r}$ übrig behalten, genau wie bei der Berechnung von I vorher die Schwingungsfreiheitsgrade eliminiert werden mußten und in dem Operator $e^{-\lambda H}$ nur die Variable $\boldsymbol{r}$ übrig blieb.

Der Operator $e^{-\lambda H'}$ wurde in geordneter Form $\exp\left\{-\int\limits_0^\lambda H'_{\lambda_1}\,d\lambda_1\right\}$ dargestellt. Dann wurden in dem Operator $\exp\left\{-\int\limits_0^\lambda H'_{\lambda_1}d\lambda_1\right\}$ alle die Operator-Faktoren „entwirrt", die die Variable $\boldsymbol{r}_2$ enthielten; dabei wurde erneut die Formel (18) der Arbeit [3] verwendet. Weiter wurde die Spur des erhaltenen Operators nach Eigenfunktionen des Operators

$$-\frac{\hbar^2}{2\mu_2}\Delta_2 + \frac{C}{2}\boldsymbol{r}_2, \tag{25}$$

der nur von der Variablen $\boldsymbol{r}_2$ abhängt, berechnet. Die so erhaltene Spur hängt nur von der Variablen $\boldsymbol{r}$ ab. Sie hat die Form

$$L'(\boldsymbol{r}) = \exp\left\{-\int\limits_0^\lambda H_{\boldsymbol{r}\lambda_1}d\lambda_1 + U'\right\}, \tag{25a}$$

$$U' = -\frac{C}{2}\int_0^\lambda \boldsymbol{r}_{\lambda_1}^2 d\lambda_1 + \frac{\hbar\omega_2 C}{2}\int_0^\lambda\int_0^{\lambda_1} (\boldsymbol{r}_{\lambda_1}, \boldsymbol{r}_{\lambda_2})\, e^{\hbar\omega_2(\lambda_2-\lambda_1)}\, d\lambda_1\, d\lambda_2 +$$

$$+ \bar{n}_2 \frac{\hbar\omega_2 C}{2}\int_0^\lambda\int_0^\lambda (\boldsymbol{r}_{\lambda_1}, \boldsymbol{r}_{\lambda_2})\, e^{\hbar\omega_2(\lambda_2-\lambda_1)}\, d\lambda_1 d\lambda_2 - 3\ln\left(2\,\mathrm{sh}\,\frac{\hbar\omega_2\lambda}{2}\right), \quad (26)$$

wobei

$$\omega_2 = \sqrt{\frac{C}{\mu_2}}, \quad \bar{n}_2 = \frac{1}{e^{\lambda\hbar\omega_2} - 1}. \quad (27)$$

Der Operator $L'(\boldsymbol{r})$ stellt sich als Approximation des exakten Operators $L(\boldsymbol{r})$ dar (s. (15) und (32)) in dem oben beschriebenen vereinfachten Modell.

Wir bezeichnen nun den Exponenten der Exponentialfunktion in Formel (23) durch $-\int_0^\lambda H_{\boldsymbol{r}\lambda_1} d\lambda_1 + U$. Schreibt man die Größe (23) in der Form

$$I = \mathrm{sp}\,\exp\left\{-\int_0^\lambda H_{\boldsymbol{r}\lambda_1} d\lambda_1 + U' + (U - U')\right\} \quad (28)$$

und behandelt $-\int_0^\lambda H_{\boldsymbol{r}\lambda_1} d\lambda_1 + U'$ als den Operator $\int_0^\lambda A_{\lambda_1} d\lambda_1$ von Formel (16) und $U - U'$ als den Operator $\int_0^\lambda B_{\lambda_1} d\lambda_1$, so können wir zur Berechnung der Größe I_1 übergehen, die durch die Formeln (19)—(20) definiert ist.

Die in den Formeln (19)—(20) vorkommenden Ausdrücke $\mathrm{sp}\, e^{\lambda A} = \mathrm{sp}\, L'(\boldsymbol{r}) = = \mathrm{sp}\,\exp\left(-\int_0^\lambda H_{\boldsymbol{r}\lambda_1} d\lambda_1 + U'\right) = Z'$ können alle leicht als Spur des Ausgangsoperators $e^{-\lambda H'}$ ausgerechnet werden. Wenn man den Ausdruck (24) verwendet, erhält man leicht

$$Z' = \mathrm{sp}\, e^{-\lambda H'} = V\left(\frac{M'}{2\pi\hbar^2\lambda}\right)^{3/2}\left(2\,\mathrm{sh}\,\frac{\lambda}{2}\hbar\sqrt{\frac{C}{\mu'}}\right)^{-3}, \quad (29)$$

wobei $\mu' = \frac{\mu\mu_2}{\mu + \mu_2}$ die reduzierte Masse der beiden Teilchen ist und $M' = \mu + \mu_2$.

Nach Formel (19) ist ferner

$$\bar{U}' = \mathrm{sp}\left[U' \exp\left(-\int_0^\lambda H_{r\lambda_1} d\lambda_1 + U'\right)\right]\Big/ Z'. \quad (30)$$

Dieser Ausdruck wird leicht ausgerechnet, wenn man berücksichtigt, daß in U' wegen (26) alle Glieder außer dem letzten, die konstanten Summanden C linear enthalten. Daher kann man den Mittelwert dieser Glieder erhalten, indem man Z' nach C differenziert, das Resultat mit C multipliziert und durch Z' dividiert. So erhält man

$$\bar{U}' = -3\ln\left(2\,\mathrm{sh}\,\frac{\lambda}{2}\,\hbar\,\omega_2\right) + \frac{C}{Z'}\left(\frac{\partial Z'}{\partial C}\right)_{\omega_2=\mathrm{const}}. \tag{31}$$

Wir gehen jetzt zur Berechnung des Mittelwerts des geordneten Operators

$$U = \sum_{\varkappa} |V_\varkappa|^2 \left[\int_0^{\lambda}\int_0^{\lambda_1} e^{i\varkappa(\boldsymbol{r}_{\lambda_1}-\boldsymbol{r}_{\lambda_2})-\hbar\,\omega_\varkappa(\lambda_1-\lambda_2)}\,d\lambda_1\,d\lambda_2 + \right.$$
$$\left. + \bar{n}_\varkappa \int_0^{\lambda}\int_0^{\lambda} e^{i\varkappa(\boldsymbol{r}_{\lambda_1}-\boldsymbol{r}_{\lambda_2})-\hbar\,\omega_\varkappa(\lambda_1-\lambda_2)}\,d\lambda_1\,d\lambda_2\right] \equiv \sum_{\varkappa} U_\varkappa \tag{32}$$

über.

Bei Mittelungen der Art (19) ist das Mittel der Summe gleich der Summe der Mittelwerte. Daher berechnen wir zuerst $\bar{U}_\varkappa$ und summieren das Resultat über K'. Zur Berechnung von $\bar{U}_\varkappa$ wurde folgendes künstliche Verfahren verwendet. Es wurde ein Hamilton-Operator der Form

$$H'' = H' - \frac{\hbar^2}{2\mu}\frac{\partial^2}{\partial x_3^2} + \frac{\mu\,\omega_\varkappa^2}{2}\,x_3^2 + V_\varkappa a_3\,e^{i\varkappa\boldsymbol{r}} + V_\varkappa^* a_3^+ e^{-i\varkappa\boldsymbol{r}}, \tag{33}$$

konstruiert, wobei H' durch Formel (24) definiert wird. Der Übergang von dem Hamilton-Operator (24) zu (33) kann als Hinzufügung eines dritten bewegten Teilchens interpretiert werden, das harmonisch um eine feste Gleichgewichtslage mit der Frequenz $\omega_\varkappa$ schwingt und mit den ersten Teilchen unendlich schwach wechselwirkt (da $V_\varkappa$ der Quadratwurzel aus dem Volumen des „Grundgebiets" umgekehrt proportional ist, d. h. beliebig klein); a_3 und a_3^+ sind Vernichtungs- und Erzeugungs-Operatoren der Schwingungsquanten des dritten Teilchens.

Wenn man in dem Operator $\exp\left(-\int_0^{\lambda} H''_{\lambda_1} d\lambda_1\right)$ die Koordinaten des zweiten und dritten Teilchens nach einem analogen Verfahren der oben verwendeten Methode „entwirrt" und die Spur dieses Operators nach einem vollständigen orthogonalen Funktionensystem in den Variablen $\boldsymbol{r}_2$ und x_3 berechnet, so erhält man einen Operator $\tilde{L}$, der nur noch von $\boldsymbol{r}$ abhängt:

$$\tilde{L}(\boldsymbol{r})\,2\,\mathrm{sh}\,\frac{\lambda}{2}\,\hbar\,\omega_\varkappa \equiv L''(\boldsymbol{r}) = \exp\left\{-\int_0^{\lambda} H_{\boldsymbol{r}\lambda_1}\,d\lambda_1 - \frac{C}{2}\int_0^{\lambda} \boldsymbol{r}_{\lambda_1}^2\,d\lambda_1 + \right.$$
$$+ \frac{C}{2}\,\hbar\,\omega_2 \int_0^{\lambda}\int_0^{\lambda_1} (\boldsymbol{r}_{\lambda_1}, \boldsymbol{r}_{\lambda_2})\,e^{\hbar\,\omega_2(\lambda_2-\lambda_1)}\,d\lambda_1 d\lambda_2 + \bar{n}_2\,\frac{C}{2}\,\hbar\,\omega_2 \int_0^{\lambda}\int_0^{\lambda} (\boldsymbol{r}_{\lambda_1}, \boldsymbol{r}_{\lambda_2})\,e^{\hbar\,\omega_2(\lambda_2-\lambda_1)}\,d\lambda_1 d\lambda_2 +$$
$$\left. + U_\varkappa - 3\ln\left(2\,\mathrm{sh}\,\frac{\lambda}{2}\,\hbar\,\omega_2\right)\right\} = L'(\boldsymbol{r})\,e^{U_\varkappa}. \tag{34}$$

Die Spur des Operators $L''(\boldsymbol{r})$ berechnet mit einem von $\boldsymbol{r}$ abhängigen orthogonalen Funktionensystem bezeichnen wir mit Z'' (35):

$$Z'' = \mathrm{sp}\, L''(\boldsymbol{r}) = (2\,\mathrm{sh}\, \hbar\,\omega_\varkappa)\, \mathrm{sp}\, e^{-\lambda H''}. \tag{35}$$

Wenn man in (34) den Grenzübergang $|V_\varkappa|^2 \to 0$, d. h. $U_\varkappa \to 0$ ausführt, so geht der Operator $L''(\boldsymbol{r})$ in den Operator $L'(\boldsymbol{r})$ über und Z'' in Z'.

Die Größe

$$\bar{U}_\varkappa = \frac{|V_\varkappa|^2}{Z'} \left(\frac{d Z''}{d\, |V_\varkappa|^2}\right)_{|V_\varkappa|^2 = 0} \tag{36}$$

erweist sich wegen der Formeln (32) und (19) als der bereits gesuchte Mittelwert $U_\varkappa$.

Die oben angegebene Ordnung des Operators $e^{-\lambda H''}$ und die darauf folgende Entwirrung der Variablen $\boldsymbol{r}_2$ und x_3 waren nötig, um Formel (36) zu erhalten Die Berechnung von Z'' selbst wird jedoch einfach durchgeführt, indem man den ursprünglichen Ausdruck für den Operator H'' (33) verwendet. Dabei kann die von SCHWINGER ausgearbeitete Methode kleiner Störungen (s. (6) in [*1*]) verwendet werden, da das Glied der Wechselwirkung mit den Schwingungen (proportional $V_\varkappa$) unendlich klein ist. Auf diese Weise erhält man

$$Z'' = Z' + \lambda^2 \mathrm{sh}\, \frac{\lambda}{2}\, \hbar\,\omega_\varkappa \int_0^1 du\, \mathrm{sp}\, [e^{-(1-u)\lambda H_0} H_1 e^{-u\lambda H_0} H_1], \tag{37}$$

wobei

$$H_1 = V_\varkappa a_3 e^{i\varkappa r} + V_\varkappa^* a_3^+ e^{-i\varkappa r}, \quad H_0 = H'' - H_1. \tag{38}$$

In Formel (37) sind Glieder höherer Ordnung in $|V_\varkappa|^2$ vernachlässigt worden, da sie, wenn man (37) in (36) einsetzt beim Grenzübergang $|V_\varkappa|^2 \to 0$ exakt verschwinden.

Die Spur in (37) wird nach dem Eigenfunktionensystem des Operators H_0 gebildet, das folgende Form annimmt:

$$\frac{1}{\sqrt{V}}\, e^{i\boldsymbol{k}\boldsymbol{R}} \prod_{j=1}^{3} \Phi_{m_j}\left(r_j' \sqrt{\frac{\omega'\mu'}{\hbar}}\right) \Phi_{n_3}\left(x_3 \sqrt{\frac{\omega_\varkappa \mu}{\hbar}}\right). \tag{39}$$

Hierbei ist

$$\left.\begin{aligned} &\boldsymbol{R} = \frac{1}{M'}\,(\mu \boldsymbol{r} + \mu_2 \boldsymbol{r}_2); \quad \omega' = \sqrt{\frac{C}{\mu'}}; \\ &r_1' = x - x_2; \quad r_2' = y - y_2; \\ &r_3' = z_1 - z_2. \end{aligned}\right\} \tag{40}$$

In (39) ist der letzte Faktor Eigenfunktion zum Operator $-\frac{\hbar^2}{2\mu} \cdot \frac{\partial^2}{\partial x_3^2} + \frac{\mu\,\omega_\varkappa^2}{2}\, x_3^2$ und die übrigen Faktoren sind Eigenfunktionen des Operators H'; Φ_{m_j} und Φ_{n_3} sind Oszillator-Wellenfunktionen.

Da

$$H_1 e^{i\boldsymbol{k}\boldsymbol{R}}\,\Phi_{n_3} = V_\varkappa e^{i\left[(k+\varkappa)\boldsymbol{R} + \frac{\mu_2}{M'}(\varkappa, \boldsymbol{r}')\right]} \sqrt{n_3}\,\Phi_{n_3-1} +$$

$$+ V_\varkappa^* \sqrt{n_3+1}\; e^{i\left[(k-\varkappa)\boldsymbol{R} - \frac{\mu_2}{M'}(\varkappa, \boldsymbol{r}')\right]} \Phi_{n_3+1} \tag{41}$$

gilt, erhält man, wenn man in (37) die Summation über die Quantenzahlen n_3 und $\boldsymbol{k}$ analog der Rechnung in [*1*] durchführt (42)

$$Z'' = Z' \left\{1 + \frac{1}{2}\lambda^2 \left(2\,\mathrm{sh}\,\frac{\lambda}{2}\,\hbar\,\omega'\right)^3 |V_\varkappa|^2 \int\limits_0^1 du\,\left[\bar{n}_\varkappa e^{u\lambda\hbar\,\omega_\varkappa} + \right.\right.$$

$$+ (\bar{n}_\varkappa + 1)\,e^{-u\lambda\hbar\,\omega_\varkappa}\Big] \times e^{-\lambda\frac{\hbar^2\varkappa^2}{2M'}u(1-u)} \prod_{j=1}^{3} \sum_{m_j=0}^{\infty} e^{-(1-u)\lambda\hbar\,\omega'\left(m_j+\frac{1}{2}\right)} \times$$

$$\times \left\langle \Phi_{m_j}(\xi_j),\; e^{-i\sqrt{\frac{\mu_2\hbar}{\mu M'\omega'}}\varkappa_j\xi_j} \exp\left[-u\lambda\,\frac{\hbar\,\omega'}{2}\left(-\frac{\partial^2}{\partial\,\xi_j} + \xi_j^2\right)\right] e^{i\sqrt{\frac{\mu_2\hbar}{\mu M'\omega'}}\varkappa_j\xi_j}\,\Phi_{m_j}(\xi_j) \right\rangle,$$

$$\xi_j = r_j'\sqrt{\frac{\omega'\,\mu'}{\hbar}}. \tag{42}$$

Zur Berechnung der diagonalen Matrixelemente $\langle\Phi_m \ldots \Phi_m\rangle$, die in (42) vorkommen, entwickeln wir die dort stehenden Funktionen ξ_j in eine Reihe nach den orthogonalen Funktionen $\Phi_p(\xi_j)$:

$$e^{i\sqrt{\frac{\mu_2\hbar}{\mu M'\omega'}}\varkappa\xi}\;\Phi_m(\xi) = \sum_{p=0}^{\infty} a_{m\,p}\,\Phi_p(\xi), \tag{43}$$

$$a_{m\,p} = \int\limits_{-\infty}^{\infty} \Phi_p(\xi)\,\Phi_m(\xi)\,e^{i\sqrt{\frac{\mu_2\hbar}{\mu M'\omega'}}\varkappa\xi}\,d\xi. \tag{44}$$

Als Ergebnis erhält man

$$\langle\Phi_m \ldots \Phi_m\rangle = \sum_{p=0}^{\infty} |a_{m\,p}|^2 \exp\left[-u\lambda\hbar\,\omega'\left(p+\frac{1}{2}\right)\right]. \tag{45}$$

Wenn man (45) und (44) berücksichtigt, kann die Summe über m in dem Ausdruck (42) in folgender Weise umgeschrieben werden:

$$\sum_{m=0}^{\infty} e^{-(1-u)\lambda\hbar\,\omega'\left(m+\frac{1}{2}\right)} \langle\Phi_m \ldots \Phi_m\rangle = \sum_{m,\,p=0}^{\infty} \exp\left\{-\lambda\hbar\,\omega'\left[(1-u)\left(m+\frac{1}{2}\right) + \right.\right.$$

$$\left.\left. + u\left(p+\frac{1}{2}\right)\right]\right\} \iint\limits_{-\infty}^{\infty} \Phi_p(\xi)\,\Phi_m(\xi)\,\Phi_p(\xi')\,\Phi_m(\xi')\,e^{i\sqrt{\frac{\mu_2\hbar}{\mu M'\omega'}}\varkappa(\xi-\xi')}\,d\xi\,d\xi'. \tag{46}$$

Hier kann die Summation über die Indizes m und p leicht ausgeführt werden, wenn man den Ausdruck für die Slater-Summe berücksichtigt

$$\sum_{m=0}^{\infty} \Phi_m(\xi)\,\Phi_m(\xi')\, e^{-\gamma\left(m+\frac{1}{2}\right)} =$$

$$= (2\pi \operatorname{sh}\gamma)^{-1/2} \exp\left[-\frac{1}{4}(\xi+\xi')^2\, th\,\frac{\gamma}{2} - \frac{1}{4}(\xi-\xi')^2 \operatorname{cth}\frac{\gamma}{2}\right]. \tag{47}$$

Danach kann man auch leicht die Integration über ξ und ξ' durchführen. Setzt man das Ergebnis in (42) ein und nimmt noch eine einfache Umformung vor, so erhält man

$$Z'' = Z'\left\{1 + \frac{\lambda^2}{2}\,|V_\varkappa|^2 \int_0^1 du\left[\overline{n}_\varkappa\, e^{u\lambda\hbar\omega_\varkappa} + (\overline{n}_\varkappa + 1)\, e^{-u\lambda\hbar\omega_\varkappa}\right] e^{-\lambda\frac{\hbar^2\varkappa^2}{2M'}u(1-u)} \times\right.$$

$$\left.\times \exp\left[-\left(\frac{\mu_2}{M'}\right)^2 \frac{\varkappa^2}{\operatorname{cth}\frac{\lambda}{2}\hbar\omega' u + \operatorname{cth}\frac{\lambda}{2}\hbar\omega'(1-\mu)}\right]\right\}. \tag{48}$$

Jetzt erhalten wir mit Hilfe von Formel (36)

$$\overline{U} = \sum_\varkappa \overline{U}_\varkappa = \frac{\lambda^2}{2}\sum_\varkappa |V_\varkappa|^2 \int_0^1 dv\, e^{-\lambda\frac{\hbar^2\varkappa^2}{8M'}(1-v^2)}\, \frac{\operatorname{ch}\frac{\lambda}{2}\hbar\omega_\varkappa v}{\operatorname{sh}\frac{\lambda}{2}\hbar\omega_\varkappa} \times$$

$$\times \exp\left\{-\frac{1}{2}\,\frac{\mu_2\hbar\varkappa^2}{M'\mu\omega'}\left(\operatorname{cth}\frac{\lambda}{2}\hbar\omega' - \frac{\operatorname{ch}\frac{\lambda}{2}\hbar\omega' v}{\operatorname{sh}\frac{\lambda}{2}\hbar\omega'}\right)\right\}. \tag{49}$$

Wir kehren jetzt zu unserer Hauptaufgabe zurück, nämlich zur Berechnung der Spur des Operators $e^{-\lambda H}$. Diese Spur ist, wie in Abschnitt 1 gezeigt wurde, gleich der Spur des Operators $L(\boldsymbol{r})$, der durch die Formeln (14) bis (15a) definiert wurde. Ferner ist $I = \operatorname{sp} L(\boldsymbol{r})$, und wir ersetzen gemäß (21) I durch den angenäherten, kleineren Wert

$$I_1 = Z' e^{\overline{U} - \overline{U}'}. \tag{50}$$

Dann wird wegen (14)—(15a), (29), (31), (49)

$$Z = \mathrm{sp}\, e^{-\lambda H} \geq Z_1 = Z^{(0)} \frac{\nu^3 \left(\mathrm{sh}\, \frac{\lambda}{2}\, \hbar\omega_2\right)^3}{\left(\mathrm{sh}\, \frac{\lambda}{2}\, \hbar\omega_2 \nu\right)^3} \times$$

$$\times \exp\left\{\frac{3}{4}\, \lambda\hbar\omega_2\, \frac{\nu^2-1}{\nu}\, \mathrm{cth}\, \frac{\lambda}{2}\, \hbar\omega_2\nu - \frac{3}{2} \cdot \frac{\nu^2-1}{\nu^2} + \overline{U}\right\}, \tag{51}$$

wobei

$$Z^{(0)} = 2VX \left(\frac{\mu}{2\pi\hbar^2\lambda}\right)^{3/2} \tag{52}$$

(hier ist der Faktor 2 für den Spin hinzugefügt worden, der bisher der Einfachheit halber ignoriert wurde), und

$$\nu = \sqrt{1 + \frac{\mu_2}{\mu}}. \tag{53}$$

Die Parameter ν und ω_2 sind anstelle der früheren Parameter μ_2 und C eingeführt worden; sie müssen so gewählt werden, daß die rechte Seite von (51), also Z_1 maximal wird, d. h. den uns interessierenden Wert Z am besten approximiert. Die oben dargelegte Näherungsmethode kann man auf irgendein Problem mit einem Hamilton-Operator der Form (1) anwenden. Zur weiteren Berechnung muß man das betrachtete System weiter konkretisieren, d. h. man muß die Koeffizienten $V_\varkappa$ und die Frequenzen $\omega_\varkappa$, die in den Hamilton-Operator eingehen, angeben.

3. Elektron im Ionenkristall

Wie auch in [*1*] wollen wir annehmen, daß das Leitungselektron nur mit den longitudinal polarisierten Schwingungen wechselwirkt. Wir beschränken uns auf den Fall, daß es nur einen Zweig dieser Schwingungen mit der Grenzfrequenz ω gibt. Dann ist in der Näherung des dielektrischen Kontinuums

$$\omega_\varkappa = \omega; \quad V_\varkappa = \frac{e}{|\varkappa|} \sqrt{\frac{2\pi\hbar\omega c}{V}}; \quad c = \frac{1}{n^2} - \frac{1}{\varepsilon}. \tag{54}$$

Setzt man diesen Ausdruck in Formel (49) ein, führt die Summation (Integration) über R durch und benutzt die Bezeichnungen

$$\alpha = \frac{ce^2}{2\hbar} \sqrt{\frac{2\mu}{\hbar\omega}}; \quad \beta = \frac{\lambda}{2}\, \hbar\omega = \frac{\hbar\omega}{2kT}; \quad \varrho = \frac{\omega_2}{\omega}, \tag{55}$$

so erhält man

$$\ln Z_1 = \ln Z^{(0)} + 3 \ln \nu - 3 \ln \operatorname{sh} \beta \nu \varrho + 3 \ln \operatorname{sh} \beta \varrho - \frac{3}{2} + \frac{3}{2 \nu^2} +$$

$$+ \frac{3}{2} \frac{\nu^2 - 1}{\nu} \beta \varrho \operatorname{cth} \beta \nu \varrho + \sqrt{\frac{8}{\pi}} \frac{\beta^{3/2}}{\operatorname{sh} \beta} \alpha \nu \int\limits_0^1 \frac{\operatorname{ch} \beta v \, dv}{\sqrt{1 - v^2 + \frac{2(\nu^2 - 1)}{\beta \nu \varrho} \left[\operatorname{cth} \beta \nu \varrho - \frac{\operatorname{ch} \beta \nu \varrho v}{\operatorname{sh} \beta \nu \varrho} \right]}}. \tag{56}$$

Nun muß man das Maximum dieses Ausdrucks bezüglich der Variablen ν und ϱ suchen. Die Formel (56) vereinfacht sich in den Fällen niedriger und hoher Temperaturen.

Fall tiefer Temperaturen

Für $T \to 0$, d. h. $\beta \to \infty$ geht Formel (56) in

$$\ln Z_1 = \ln Z^{(0)} + 3 \ln \nu - \frac{3}{2} \frac{\beta \varrho}{\nu} (\nu - 1)^2 - \frac{3}{2} + \frac{3}{2 \nu^2} +$$

$$+ \frac{2}{\sqrt{\pi}} \beta \alpha \nu \int\limits_0^\infty e^{-v'} dv' \left[\frac{(\nu^2 - 1)}{\varrho \nu} (1 - e^{-\varrho \nu v'}) + v' \left(1 - \frac{v'}{2\beta}\right) \right]^{-1/2} \tag{57}$$

über, wobei $v' = \beta(1 - v)$ ist. Entwickelt man hier das Integral nach Potenzen von $\frac{1}{\beta}$, so erhält man

$$\ln Z_1 = \ln Z^{(0)} + \beta \left(f_0 + \frac{f_1}{\beta} + \frac{f_2}{\beta^2} + \dots \right),$$

wobei

$$f_0 = - \frac{3}{2} \frac{\varrho}{\nu} (\nu - 1)^2 + \frac{2 \alpha \nu}{\sqrt{\pi}} \int\limits_0^\infty e^{-v'} \left[\frac{\nu^2 - 1}{\varrho \nu} (1 - e^{-\varrho \nu v'}) + v' \right]^{-1/2} dv'; \tag{58}$$

$$f_1 = 3 \ln \nu - \frac{3}{2} + \frac{3}{2 \nu^2} + \frac{\alpha \nu}{2 \sqrt{\pi}} \int\limits_0^\infty v'^2 e^{-v'} \left[\frac{\nu^2 - 1}{\varrho \nu} (1 - e^{-\varrho \nu v'}) + v' \right]^{-3/2} dv'; \tag{59}$$

$$f_2 = \frac{3 \alpha \nu}{16 \sqrt{\pi}} \int\limits_0^\infty v'^4 e^{-v'} \left[\frac{\nu^2 - 1}{\varrho \nu} (1 - e^{-\varrho \nu v'}) + v' \right]^{-5/2} dv'. \tag{60}$$

Jetzt kann man die Energie des Grundzustandes des Systems als Grenzwert der mittleren thermodynamischen Energie

$$\overline{E} = - \frac{d \ln Z_1}{d \lambda}, \tag{61}$$

berechnen für $T \to 0$, d. h. $\lambda \to \infty$ und $\beta \to \infty$. Man erhält

$$E_0 = E_0^{(0)} + \frac{3}{4}\hbar\omega\frac{(\nu_0-1)^2}{\nu_0}\varrho_0 - \hbar\omega\frac{\nu_0\alpha}{\sqrt{\pi}}\int\limits_0^\infty e^{-v'}\left[\frac{\nu_0^2-1}{\varrho_0\nu_0}(1-e^{-\varrho_0\nu_0 v'})+v'\right]^{-1/2} dv'. \tag{62}$$

Hierbei sind die Parameter ν_0 und ϱ_0 die extremalen Werte der Parameter ν und ϱ, die Z_1 für $T \to 0$ zu einem Maximum, d. h. die Energie des Grundzustandes (62) zu einem Minimum machen. Das Ergebnis (62) fällt mit der Energie des Grundzustandes des Systems zusammen, die von Feynman gefunden wurde (s. [2], Formel (33) und (31)).

Wie auch in [1] nehmen wir an, daß das Energiespektrum des Systems in der Form

$$E(\mathfrak{P}, l) = \mathcal{E}_0(l) + P^2\mathcal{E}_2(l) + P^4\mathcal{E}_4(l) + \ldots \tag{63}$$

dargestellt werden kann, wobei der Gesamtimpuls die einzige kontinuierliche Quantenzahl ist, die übrigen Quantenzahlen l aber diskret sind. Dann kann man im Grenzwert tiefer Temperaturen die Zustandssumme des Systems mit dem Energiespektrum (63) so berechnen, daß man sich bei der Summation über l nur auf das erste Glied beschränkt, das bei gegebenem (hinreichend kleinem) Impuls der niedrigsten Energie entspricht, da die folgenden Glieder bei tiefen Temperaturen exponentiell klein gegen das erste sind.

Im weiteren wollen wir unter $\mathcal{E}_0, \mathcal{E}_2, \mathcal{E}_4, \ldots$ die Koeffizienten der Entwicklung (63) an der Stelle l verstehen. Führen wir nun die effektive Polaronenmasse $M = (2\mathcal{E}_2)^{-1}$ ein und entwickeln die Zustandssumme des Systems mit dem Spektrum (63) nach Potenzen der Temperatur, so erhalten wir

$$\ln Z = \ln Z^{(0)} - \lambda(\mathcal{E}_0 - E_0^{(0)}) + \frac{3}{2}\ln\frac{M}{\mu} - 15 M^2\mathcal{E}_4\frac{1}{\lambda} + \ldots. \tag{64}$$

Wenn man jetzt auch die Größe (57) nach Potenzen der Temperatur entwickelt und dann mit (64) identifiziert, so kann man durch Koeffizientenvergleich bezüglich der Potenzen von $1/\lambda$ die $\mathcal{E}_0, \mathcal{E}_2, \mathcal{E}_4, \ldots$ bestimmen.

Um die Größe (57) nach Potenzen von $1/\beta$ zu entwickeln, muß man berücksichtigen, daß die extremalen Werte der Parameter ν und ϱ von der Temperatur abhängen. Die Entwicklung dieser Parameter nach Potenzen von $1/\beta$ kann man erhalten, wenn man das Gleichungssystem

$$\frac{\partial \ln Z_1}{\partial \nu} = 0, \quad \frac{\partial \ln Z_1}{\partial \varrho} = 0,$$

das die Extremalbedingung ausdrückt, nach der Methode der sukzessiven Approximation löst, indem man die Größe $\frac{1}{\beta}\cdot f_1 + \frac{1}{\beta^2}\cdot f_2 + \ldots$ als klein ansieht und als nullte Näherung die Werte ν_0 und ϱ_0 benutzt. Schließlich erhält die Entwicklung der Größe (57) in eine Reihe nach Potenzen von $1/\beta$ die Form

$$\ln Z_1 = \ln Z^{(0)} + \beta f_0 + f_1 + \frac{f_2}{\beta} +$$

$$+ \frac{1}{2\beta}\left[\frac{\partial^2 f_0}{\partial \varrho^2}\cdot\frac{\partial^2 f_0}{\partial \nu^2} - \left(\frac{\partial^2 f_0}{\partial\varrho\partial\nu}\right)^2\right]^{-1}\left[2\frac{\partial^2 f_0}{\partial\varrho\partial\nu}\cdot\frac{\partial f_1}{\partial\varrho}\cdot\frac{\partial f_1}{\partial\nu} - \frac{\partial^2 f_0}{\partial\varrho^2}\left(\frac{\partial f_1}{\partial\nu}\right)^2 - \frac{\partial^2 f_0}{\partial\nu^2}\left(\frac{\partial f_1}{\partial\varrho}\right)^2\right]. \quad (65)$$

Hier werden alle Funktionen f_i und ihre Ableitungen an der Stelle ν_0, ϱ_0 genommen und hängen folglich nicht von der Temperatur ab.

Identifiziert man die Entwicklungen (65) und (64), so erhält man

$$\mathscr{E}_0 = E_0;$$

$$\frac{M}{\mu} = \exp\frac{2}{3} f_1(\nu_0\varrho_0) =$$

$$= \nu_0^2 \exp\left\{\frac{1}{\nu_0^2} - 1 + \frac{\alpha\nu}{3\sqrt{\pi}}\int\limits_0^\infty v'^2 e^{-v'}\left[\frac{\nu_0^2 - 1}{\varrho_0\nu_0}(1 - e^{-\varrho_0\nu_0 v'}) + v'\right]^{-1/2} dv'\right\}; \quad (66)$$

$$\mathscr{E}_4 = -\frac{2}{15 M^2\hbar\omega}\left\{f_2 + \frac{1}{2}\left[\frac{\partial^2 f_0}{\partial\varrho^2}\cdot\frac{\partial^2 f_0}{\partial\nu^2} - \left(\frac{\partial^2 f_0}{\partial\varrho\partial\nu}\right)^2\right]^{-1}\times\right.$$

$$\left.\times\left[2\frac{\partial^2 f_0}{\partial\varrho\partial\nu}\cdot\frac{\partial f_1}{\partial\varrho}\cdot\frac{\partial f_1}{\partial\nu} - \frac{\partial^2 f_0}{\partial\varrho^2}\left(\frac{\partial f_1}{\partial\nu}\right)^2 - \frac{\partial^2 f_0}{\partial\nu^2}\left(\frac{\partial f_1}{\partial\varrho}\right)^2\right]\right\}. \quad (67)$$

Zum Vergleich führen wir die effektive Masse des Polarons an, die FEYNMAN (s. [2] (45)) erhielt:

$$\frac{M_F}{\mu} = 1 + \frac{\alpha\nu_0^3}{3\sqrt{\pi}}\int\limits_0^\infty v'^2 e^{-v'}\left[\frac{\nu_0^2 - 1}{\varrho_0\nu_0}(1 - e^{-\varrho_0\nu_0 v'}) + v'\right]^{-3/2} dv'. \quad (68)$$

Die Beziehung zwischen unserem Wert der effektiven Masse M und dem Feynmanschen Wert M_F erhält die Form

$$\frac{M}{\mu\nu_0^2} = \exp\left(\frac{M_F}{\mu\nu_0^2} - 1\right). \quad (69)$$

Somit ist also, $M \geq M_F$.

Da die Formel (64) nur auf Grund der Formel (63) abgeleitet wurde und keine in der vorliegenden Arbeit benutzte Näherung enthält, ergibt sich die Möglichkeit, mit ihr die Zustandssumme Z_F im Feynmanschen Fall für niedrige Temperaturen zu berechnen, wenn man das Glied mit $\mathscr{E}_4$ vernachlässigen kann. Da die Energie E_0 des Grundzustandes nach unserer und nach der Feynmanschen Methode gleich ist, so erhält man gemäß (64)

$$\frac{Z_1}{Z_F} = \left(\frac{M}{M_F}\right)^{3/2}, \quad \text{d. h.} \quad Z_1 \geq Z_F. \quad (70)$$

Da Z_1 durch ein direktes Variationsverfahren gewonnen wurde, ist es zu klein. (s. (21)). Folglich ist Z_F noch kleiner. So stimmt also die Energie des Grundzustandes der beiden Verfahren überein, und für die effektive Masse des Polarons liefert die dargelegte Methode einen etwas besseren Wert. Übrigens ist der Unterschied zwischen M und M_F sehr klein und verschwindet im allgemeinen für die Grenzfälle schwacher und starker Kopplung, wie weiter unten gezeigt wird.

Fall schwacher Kopplung und beliebiger Temperaturen

Für kleine α ist das letzte Integral-Glied des allgemeinen Ausdrucks (56) klein. Dann hat Z_1 ein Maximum, wenn ν nahezu Eins ist. Wir setzen

$$\nu = 1 + \varepsilon, \quad \varepsilon \ll 1 .$$

Man sieht leicht, daß ε von der Ordnung α ist. Daher beschränken wir uns bei der Entwicklung von Z_1 nach Potenzen von ε auf die Glieder die proportional ε^2 und $\varepsilon\alpha$ sind. Man erhält dann

$$\ln Z_1 = \ln Z^{(0)} + \sqrt{2\pi}\,\frac{\beta^{3/2} I_0(\beta)}{\operatorname{sh}\beta}\,\alpha + \sqrt{2\pi}\,\frac{\beta^{3/2}}{\operatorname{sh}\beta}\Big\{I_0(\beta) -$$

$$- \frac{1}{\gamma \operatorname{sh}\beta}\left[(\gamma+\beta)\, I_1(\beta+\gamma) + (\beta-\gamma)\, I_1(\beta-\gamma) - 2\beta I_1(\beta)\operatorname{ch}\gamma\right]\Big\}\,\alpha\varepsilon +$$

$$+ 3\left[1 - \frac{1}{2}\gamma\operatorname{cth}\gamma - \frac{1}{2}\,\frac{\gamma^2}{\operatorname{sh}^2\gamma}\right]\varepsilon^2. \tag{71}$$

Hierbei ist $\gamma = \beta \cdot \varrho$ und I_0 und I_1 sind die nullte und erste Bessel-Funktion mit imaginärem Argument. Das Maximum der Größe (71) bezüglich des Parameters ε ist gleich

$$\ln Z_1 = \ln Z^{(0)} + \sqrt{2\pi}\,\frac{\beta^{3/2} I_0(\beta)}{\operatorname{sh}\beta}\,\alpha + \frac{\pi}{3}\,\frac{\beta^3}{\operatorname{sh}^2\beta}$$

$$\frac{[\gamma I_0(\beta)\operatorname{sh}\gamma - (\beta+\gamma)\, I_1(\beta+\gamma) - (\beta-\gamma)\, I_1(\beta-\gamma) + 2\beta I_1(\beta)\operatorname{ch}\gamma]^2}{\gamma^2\left[\frac{\gamma}{2}\operatorname{sh}2\gamma - \operatorname{ch}2\gamma + 1 + \gamma^2\right]}\,\alpha^2. \tag{72}$$

Hier ist das in α lineare Glied exakt gleich dem Resultat der Theorie schwacher Wechselwirkung [*1*]. Man muß noch das Maximum der Größe (72) bezüglich des Parameters ϱ, d. h. bezüglich γ suchen. Das ist für die Grenzfälle tiefer und hoher Temperaturen sehr einfach.

Für niedrige Temperaturen erhalten wir $\varrho_0 = 3$, wenn wir die asymptotischen Ausdrücke für I_0 und I_1 verwenden ($kT \ll \hbar\omega$):

$$\ln Z_1 = \ln Z^{(0)} + \lambda\hbar\omega\alpha\left[1 + \frac{1}{4\lambda\hbar\omega} + \frac{9}{32(\lambda\hbar\omega)^2}\right] + \frac{\lambda\hbar\omega\alpha^2}{81}\left[1 + \frac{4}{3\lambda\hbar\omega} + \frac{2{,}034}{(\lambda\hbar\omega)^2}\right], \tag{73}$$

$$E_0 = E_0^{(0)} - \hbar\omega\left(\alpha + \frac{\alpha^2}{81}\right), \quad (74)$$

$$\frac{M}{\mu} = 1 + \frac{\alpha}{6} + 0{,}0249\alpha^2, \quad (75)$$

$$\mathcal{E}_4 = -\frac{1}{\mu^2\hbar\omega}(0{,}01875\alpha - 0{,}004576\alpha^2). \quad (76)$$

Der Unterschied zwischen M und M_F im Fall schwacher Kopplung ist unbedeutend:

$$\frac{M - M_F}{M} = 1{,}71 \cdot 10^{-4}\alpha^2.$$

Im Fall hoher Temperaturen, wenn $kT \gg \hbar w$, d. h. $\beta \ll 1$ ist, erlaubt die Reihenentwicklung (72) nach β das Maximum dieses Ausdrucks bezüglich γ zu bestimmen. Durch numerische Lösung der transzendenten Gleichung erhält man $\gamma = 3{,}25$, das γ-Maximum von $\ln Z_1$ ist gleich

$$\ln Z_1 = \ln Z^{(0)} + \sqrt{\pi}(\lambda\hbar\omega)^{1/2}\left[1 + \frac{1}{48}(\lambda\hbar\omega)^2\right]\alpha + $$
$$+ \frac{\pi}{12}\lambda\hbar\omega[0{,}0804 - 0{,}00132(\lambda\hbar\omega)^2]\alpha^2. \quad (77)$$

Die zugehörige mittlere thermodynamische Energie des Systems, die durch Formel (61) definiert ist, ist gleich

$$\bar{E} = \bar{E}^{(0)} - \frac{\sqrt{\pi}\hbar\omega}{2(\lambda\hbar\omega)^{1/2}}[\alpha + 0{,}024(\lambda\hbar\omega)^{1/2}\alpha^2]. \quad (78)$$

Fall hoher Temperaturen und beliebiger Kopplung

Für kleine β kann das letzte Integralglied in dem allgemeinen Ausdruck (56) wieder als kleine Störung aufgefaßt werden, da es proportional $\alpha \cdot \sqrt{\beta}$ ist. Im Ergebnis ist, wie im vorhergehenden Fall, der Extremalwert von ν nahezu gleich Eins und folglich gelten auch in diesem Falle die Formeln (77) und (78). Der Anwendungsbereich dieser Formeln wird durch die Kleinheit der Größe $\alpha \cdot \sqrt{\beta}$ bestimmt. Je höher daher die Temperatur, um so stärkere Kopplung ist zulässig. Das stimmt vollständig mit den Ergebnissen der Arbeit [1] überein.

Fall starker Kopplung und beliebiger Temperaturen

Wir nehmen an

$$\beta\nu\varrho \gg 1; \quad \nu \gg 1. \quad (79)$$

Dann kann man in dem allgemeinen Ausdruck (56)

$$\ln \operatorname{sh} \beta\nu\varrho = \beta\nu\varrho - \ln 2,$$

$$\operatorname{cth}\beta\nu\varrho = 1, \quad \frac{\operatorname{ch}\beta\nu\varrho v}{\operatorname{sh}\beta\nu\varrho} = e^{-\beta\nu\varrho(1-v)},$$

setzen, und das Integralglied kann nach Potenzen des ersten unter der Wurzel stehenden Summanden $(1 - v^2)$ entwickelt werden.

Dann erhält man statt (56)

$$\ln Z_1 = \ln Z^{(0)} + 3\ln\nu - \frac{3}{2}\beta\varrho\left(\nu + \frac{1}{\nu}\right) + 3\ln 2 + 3\ln\operatorname{sh}\beta\varrho - \frac{3}{2} + \\ + \frac{3}{2\nu^2} + \frac{2}{\sqrt{\pi}}\beta(\varrho\nu)^{1/2}\left[1 + \frac{2\ln 2\operatorname{cth}\beta}{\varrho\nu} - \frac{\varrho}{2\beta v}(\beta\operatorname{cth}\beta - 1)\right]\alpha. \tag{80}$$

Bei der Bildung des Extremums von $\ln Z_1$ nach den Parametern ϱ und ν erhält man ein System von zwei Gleichungen, das näherungsweise durch Reihenentwicklung nach umgekehrten Potenzen von ν in Übereinstimmung mit der Ungleichung (79) gelöst wird. Das Ergebnis ist, daß $\ln Z_1$ sein Maximum für (81)

$$\varrho = 1 + \cdots, \quad \nu = \frac{4}{9\pi}\alpha^2 + \cdots \tag{81}$$

annimmt.

Setzt man diese Werte für ϱ und ν in (80) ein, so erhält man den Maximalwert für $\ln Z_1$:

$$\ln Z_1 = \ln Z^{(0)} + 3\ln\frac{4\alpha^2}{9\pi} + \frac{2\alpha^2}{3\pi}\beta + 6\beta\left(\ln 2 + \frac{1}{4}\right) + \varphi(\beta), \tag{82}$$

wobei

$$\varphi(\beta) = 3\ln(2\operatorname{sh}\beta) - \frac{3}{2}\beta(\operatorname{cth}\beta + 1) + 6\ln 2(\operatorname{cth}\beta - 1)\beta. \tag{83}$$

Für $T \to 0$, d. h. $\beta \to \infty$ gilt $\varphi(\beta) \to 0$ und $\frac{\partial\varphi}{\partial\beta} \to 0$. Die mittlere thermodynamische Energie des Systems kann aus Formel (61) bestimmt werden:

$$\bar{E} = \bar{E}^{(0)} - \frac{\alpha^2}{3\pi}\hbar\omega - 3\hbar\omega\left(\ln 2 + \frac{1}{4}\right)\operatorname{cth}\beta + 3\hbar\omega\left(\ln 2 - \frac{1}{4}\right)\frac{\beta}{\operatorname{sh}^2\beta}. \tag{84}$$

Die Energie des Grundzustands des Systems erhalten wir, wenn wir in (84) $\beta \to \infty$ gehen lassen:

$$E_0 = E_0^{(0)} - \frac{\alpha^2\hbar\omega}{3\pi} - 3\hbar\omega\left(\ln 2 + \frac{1}{4}\right). \tag{85}$$

Zur Berechnung der effektiven Masse des Polarons M verwenden wir Formel (66), in der man für ϱ_0 und ν_0 die Werte von ϱ und ν aus (81) einsetzen muß. Benutzt man noch die Ungleichung $\nu \gg 1$, so erhält man leicht

$$\frac{M}{\mu} = \nu^2 = \frac{16}{81\pi^2}\alpha^4 = 2{,}00 \cdot 10^{-2}\alpha^4. \tag{86}$$

Die erhaltenen Werte für die Energie des Grundzustandes (85) und der effektiven Masse des Polarons (86) stimmen exakt mit den Resultaten von FEYNMAN [*2*] überein. Genau derselbe Wert für M wurde schon in einer früher veröffentlichten Arbeit über die Theorie des Polarons mit starker Kopplung [*4, 5*] abgeleitet, wenn man dort für die Wellenfunktion des Elektrons die Approximation $\Psi = A \cdot \cdot e^{-ar^2}$ benutzt.

Verwendet man in [4, 5] die bessere Approximation

$$\psi = A(1 + ar + br^2)\, e^{-ar},$$

so erhält man

$$\frac{M}{\mu} = 20{,}8 \cdot 10^{-3} \alpha^4. \tag{87}$$

Dieser mit der adiabatischen Näherung gewonnene etwas bessere Wert der effektiven Masse übertrifft (86) um 4%.

Die Energie (85) des Grundzustands des Systems stimmt für den Grenzfall $\alpha \to \infty$, wie auch schon Feynman feststellte, exakt mit den Ergebnissen eines der Autoren [5, 6] überein, wenn man die Approximation

$$\psi = A e^{-ar^2}$$

verwendet.

Verwendet man in [5, 6] die bessere Approximation $\psi = A(1 + ar + br^2)e^{-ar}$, so erhält man eine um 3% kleinere Energie $E_0 - E_0^{(0)}$ als in Formel (85).

Der durch Formel (67) definierte Koeffizient $\mathcal{E}_4$ ist für große α proportional α^{-10}. Im allgemeinen ist mit wachsendem α für alle großen Impulswerte eine quadratische Abhängigkeit der Energie des Systems vom Impuls erfüllt.

Für sehr hohe Temperaturen, wenn $kT \gg \hbar\omega$, d. h. $\beta \ll 1$, aber die Ungleichung (79) noch gilt, erhält man aus (82), (83)

$$Z_1 = Z^{(0)} \left(\frac{M}{\mu}\right)^{3/2} e^{\frac{2\alpha^2}{3\pi}\beta} \left(\frac{8\beta}{\sqrt{e}}\right)^3, \tag{88}$$

wobei M durch Formel (86) definiert ist und e die Basis der natürlichen Logarithmen ist.

Aus Formel (84) erhält man für $\beta \ll 1$

$$\bar{E} = \bar{E}^{(0)} - \frac{\alpha^2}{3\pi}\hbar\omega - 3kT. \tag{89}$$

Aus den Formeln (88) und (89) ist die Frequenz ω herausgefallen, was auch verständlich ist, wenn man Formel (55) für α beachtet.

Ein Kriterium für den Fall der betrachteten starken Kopplung wird durch die Ungleichungen (79) ausgedrückt. Diese Ungleichungen führen zu den Ungleichungen

$$|E_0 - E_0^{(0)}| \gg kT, \quad \text{d. h.} \quad \frac{\alpha^2}{3\pi} \gg \frac{kT}{\hbar\omega}; \tag{90}$$

$$|E_0 - E_0^{(0)}| \gg \hbar\omega, \quad \text{d. h.} \quad \frac{\alpha^2}{3\pi} \gg 1. \tag{91}$$

(90) und (91) fallen mit dem Kriterium (16) bzw. (42) aus [5] zusammen. Wenn die Temperaturen so hoch sind, daß statt der Ungleichung (90) die umgekehrte Ungleichung gilt, so ist der oben betrachtete Fall hoher Grenztemperaturen erfüllt, für den die Formeln (77) und (78) gelten.

Schlußfolgerungen

Es wurde die Zustandssumme des Systems mit dem Hamilton-Operator (1) (Teilchen in Wechselwirkung mit einem Feld) als Spur des Operators $e^{-\lambda H}$ ($\lambda = 1/kT$) berechnet. Die Stärke der Kopplung (die Größe der Koeffizienten $V_\varkappa$) war beliebig. Zur Berechnung der Spur wurden zunächst die Schwingungsfreiheitsgrade des Feldes aus dem Operator $e^{-\lambda H}$ nach der Methode der geordneten Operatoren von FEYNMAN [3] ausgeschlossen. Als Ergebnis erhielt man einen Operator, der nur noch von den Teilchenkoordinaten $\boldsymbol{r}$ abhing (s. Abschnitt 1). Seine Spur wurde näherungsweise mit Hilfe einer speziellen Variationsmethode bestimmt, bei der nicht die Wellenfunktion, sondern der Energieoperator variiert wurde (s. Abschnitt 2). Man erhielt so eine untere Schranke für die Zustandssumme des Systems, die gleich dem Maximum der rechten Seite von (51) bezüglich der Parameter ν und ω_2 war.

Im weiteren wurden konkrete Probleme betrachtet: ein Leitungselektron im Ionenkristall, wenn $V_\varkappa$ durch Formel (54) bestimmt wird. Für diesen Fall ist das Maximum des Logarithmus der Zustandssumme bezüglich der Parameter ϱ und ν (s. auch (55)) durch den Ausdruck (56) gegeben. Während in allen vorhergehenden Arbeiten über die Polaronentheorie nur der Grenzfall niedriger Temperaturen betrachtet wurde, werden in dieser Arbeit die Zustandssumme und folglich auch alle anderen thermodynamischen Funktionen des Systems für beliebige Temperaturen bestimmt.

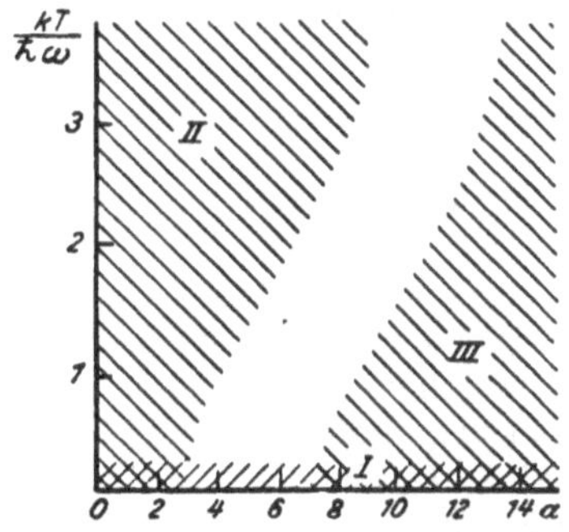

Die mittlere thermodynamische Energie des Systems kann aus Formel (61) ausgerechnet werden. Für $T \to 0$ geht sie in die Energie (62) des Grundzustands des Systems über. Die hier entwickelte Methode erlaubt es, im Unterschied von den vorhergehenden Arbeiten, die Abhängigkeit der Energie vom Gesamtimpuls des Systems für beliebig starke Kopplung zu berechnen, ohne sich auf die quadratische Näherung zu beschränken (im Fall tiefer Temperaturen) (s. (63—67)).

Die Ergebnisse vereinfachen sich noch für die verschiedenen Grenzfälle der Kopplungskonstanten α und der Temperatur. Die Gebiete der Werte für α und $kT/\hbar\omega$, in denen die einzelnen Grenzformeln gelten, sind schematisch auf der Abbildung dargestellt.

Im Gebiet tiefer Temperaturen ($\beta \gg 1$) und beliebiger Stärke der Kopplung (auf der Abbildung durch die Ziffer I bezeichnet) werden die Ergebnisse durch die Formeln (57—67) dargestellt. Die Energie des Grundzustands des Systems (62) stimmt exakt mit der von FEYNMAN berechneten [2] überein. Die Beziehung zwischen unserem Wert für die effektive Masse M des Polarons und dem Feynmanschen M_F wird durch Formel (69) gegeben. Unser Wert erwies sich als etwas größer und damit auch etwas besser als M_F. Die Unterschiede zwischen M und M_F sind jedoch unbedeutend und verschwinden in den Grenzfällen starker und schwacher Kopplung.

Im Fall schwacher Kopplung oder beliebiger Kopplung, aber hoher Temperaturen, wenn $\alpha < 3$, oder wenn $\alpha\sqrt{\hbar\omega/kT} < 5$ ist, also in dem mit II bezeichneten Gebiet der Abbildung werden die Ergebnisse durch die Formel (72) ausgedrückt. Die Formeln (63) bis (78) sind dann Folgerungen aus (72) für die verschiedenen Spezialfälle. Wenn man in diesen Formeln nur die in α linearen Glieder beibehält, so stimmen sie mit den Ergebnissen der Theorie der schwachen Kopplung [1] überein. In den Formeln (77—78) ist nach Potenzen von $\alpha\sqrt{\hbar\omega/kT}$ entwickelt worden. Je höher daher die Temperatur, um so besser konvergieren diese Reihen und um so größere Kopplungskonstanten α sind zulässig. Das ist in voller Übereinstimmung mit [1].

Im Fall starker Kopplung, in dem Gebiet, das in der Abbildung mit der Ziffer III bezeichnet ist, wenn also die Kopplungsenergie des Polarons größer ist als kT und $\hbar\omega$ (Kriterium (90), (91)), werden die Ergebnisse durch die Formeln (82—84) dargestellt. Für den Fall tiefer Temperaturen ($kT \ll \hbar\omega$) liefern diese Formeln die Energie (85) des Grundzustandes und die effektive Masse (86) des Polarons. Die letztere stimmt mit der von FEYNMAN [2] berechneten überein und unterscheidet sich nur um 3—4% von dem genaueren Wert, der von einem der Autoren mit Hilfe der adiabatischen Näherung gefunden wurde [4, 5, 6]. Für sehr hohe Temperaturen, wenn $kT \gg \hbar\omega$, aber die Ungleichung (90) noch gilt, werden die Ergebnisse durch die Formeln (88—89) ausgedrückt. Der Wert für die mittlere Energie (89) kann auch aus [5] abgeleitet werden, wenn man für die Wellenfunktion des Elektrons die Approximation $\psi = A e^{-ar^2}$ verwendet. Die Zustandssumme (88) jedoch kann nicht auf der Grundlage der Arbeit [5] berechnet werden, da sie (obwohl der Fehler der Energie in [5] verhältnismäßig klein ist) für hohe Temperaturen von der Ordnung kT ist, d. h. zu einem großen Fehler in der Zustandssumme führen kann.

So führt das entwickelte Variationsverfahren zu Resultaten die im Grenzfall schwacher Kopplung und für hohe Temperaturen auch bei beliebiger Kopplung mit den in diesem Gebiet exakten Ergebnissen der Störungstheorie [1] zusammenfallen. Im Fall starker Kopplung und tiefer Temperaturen stimmen die Resultate mit einer Genauigkeit von 3—4% mit den Resultaten der adiabatischen Näherung, die in diesem Gebiet exakt sind, überein. Für den Grenzwert tiefer Temperaturen und beliebiger Stärke der Kopplung erhält man die Ergebnisse von FEYNMAN [2]: für die Energie exakt und für die effektive Masse mit einem unbedeutenden Unterschied. Man kann daher hoffen, daß die gewonnenen Lösungen auch im allgemeinen Fall eine gute Interpolation sind.

Phys. Inst. Akad. Wiss. USSR; Inst. f. Metallphys. Ak. Wiss.

LITERATUR

[1] M. A. KRIVOGLAZ, S. I. PEKAR, Izv. Ak. Nauk, **21**, 3 (1957); vorstehende Arbeit.
[2] R. P. FEYNMAN, Phys. Rev. **97**, 660 (1955).
[3] R. P. FEYNMAN, Phys. Rev. **84**, 108 (1951).
[4] L. D. LANDAU, S. I. PEKAR, Žurn. èksper. teor. Fiz. **18**, 419 (1948).
[5] S. I. PEKAR, Untersuchungen über die Elektronentheorie der Kristalle, Akademie-Verlag, Berlin 1954.
[6] S. I. PEKAR, Žurn. èksper. teor. Fiz. **16**, 335, 341 (1946).

MIX
Papier | Fördert gute Waldnutzung
FSC® C083411

Zeitfracht Medien GmbH
Ferdinand-Jühlke-Straße 7
99095 Erfurt, Deutschland
produktsicherheit@kolibri360.de